VAMOS
TOPANDO

VAMOS
TOPANDO
AUTODEFENSAS MICHOACÁN

Maria Imilse Arrue Hernández

Para realizar pedidos de este libro, contacte con:
Palibrio
1663 Liberty Drive, Suite 200
Bloomington, IN 47403
Gratis desde EE. UU. al 877.407.5847
Gratis desde México al 01.800.288.2243
Gratis desde España al 900.866.949
Desde otro país al +1.812.671.9757
ventas@palibrio.com
Fax: 01.812.355.1576
756702

ÍNDICE

AGRADECIMIENTOS

A mis padres Jesús y Melvis,

A mis hijos Carlos Rafael y Bruno Alejandro

A mi hermana Maida, por su apoyo

A mis compañeros de la Comisión para la Seguridad el desarrollo de Michoacán. Mi gratitud mantenida.

Mi especial agradecimiento a todos los Comandantes de la Fuerza Rural de Michoacán por las enseñanzas, por el apoyo incondicional que me ofrecieron. Por cuidarme en Coahuayana, en Churumuco, en la Huacana, en Aquila, en Buenavista, en los Reyes, en Peribán, Cotija, Uruapan, Tancitaro, en Cherato, en Coalcomán, en Aguililla, Tepalcatepec. Siento mucha gratitud por todos ellos.

A Jorge Alberto Barragán Meráz, Francisco Melchor Santoyo, Vicente, Samuel Gómez, Ricardo Fabela, Cosme Serrano, Pablo Díaz, imprescindibles profesionales de seguridad pública de Michoacán. Mi gratitud por siempre

A Alejandra Belmont, Maria Luisa Torres, Karen y Chio valiosas compañeras de equipo, gracias

A todos los Autodefensas, los auténticos, los express, los perdonados, todos aportaron una parte de la historia, un ¿por que? y un ¿que hacer?, ellos constituyen un reto, un compromiso inconcluso.

Especial agradecimiento a Ticha, Juanita, Don Tilin, el Abuelo, Zepeda, Karina, Tata, Ponchito, Baltazar, Chema, Valencia, Ara, Chalino, Papa Pitufo, Cuquín, Graciano, Cuate, Chaba, el Quiroz, Esquivel por su apoyo, testimonios y confianza. Mi gratitud por siempre.

Gracias a Yesy y a Tita por su apoyo y cariño

Gracias a los compañeros de las comunidades indígenas de la meseta puépecha, otro aprendizaje, otro compromiso.

Gracias a los equipos técnicos, de inteligencia y de informática de la Secretaria de Seguridad en Michoacán[1].

Gracias a Macouzet por la imágenes del documental MiEdo. Memorias de un Movimiento Dir. José Carlos Macouzet, autorizadas para el libro.

A mi tío Israel, a Made, Jose Antonio, Tayde y Gaby Cruz por su amistad y apoyo.

Todo el equipo de trabajo sin escatimar esfuerzo, realizo una minuciosa búsqueda de los propietarios de Derecho de autor, si involuntariamente alguno fue omitido la editorial agradecería ser informada oportunamente.

---

[1] el equipo de trabajo, realizo una minuciosa búsqueda de los propietarios de Derecho de autor, si involuntariamente alguno fue omitido la editorial agradecería ser informada oportunamente.

INTRODUCCIÓN

Este libro es una declaración de respeto, admiración y reconocimiento al movimiento social de Comunitarios de Michoacán, posteriormente llamado, AUTODEFENSAS, sin ellos, no sabría que pasaría en Michoacán, sumido en una verdadera crisis humanitaria a expensas del Cártel de los Templarios.

El movimiento de Autodefensas fue iniciado en Tepalcatepec por un grupo de empresarios ganaderos, con el respaldo y participación de todo el pueblo, para ser seguido por más de 20 municipios de Tierra Caliente, la Costa y la Meseta Purépecha.

Este movimiento social en contra del Crimen Organizado de los Caballeros Templarios tuvo la mayor representatividad en los siguientes municipios y/o tenencias de Tierra Caliente: Tepalcatepec, La Ruana, Coalcomán, Buenavista, Aguililla, Los Reyes, Peribán, Cotija, Tocumbo, Uruapan, Tancitaro, Churumuco, La Huacana, Nuevo Zirosto, Nuevo Paringutiro, Parácuaro, Apatzingán, Páztcuaro, Nueva Italia y otros. De la Costa Michoacana Líderes y Pueblo de Coahuayana, Chinicuila, Aquila; de la Meseta Purépecha las Comunidades Indígenas de Cherato, Urapicho, Charapan, Chilchota, Pamatácuaro y Tangamandapio.

Es un llamado de atención a la indiferencia, inercia y corrupción de los diputados, los presidentes municipales, policías municipales, funcionarios gubernamentales, jueces, ministerios públicos, notarios; a la impunidad ante la alianza entre presidentes municipales y crimen organizado que ha existido por más de 12 años en Michoacán y que aún perdura.

Es un llamado a darse cuenta, de las realidades y vulnerabilidades que viven los pueblos y la imperiosa necesidad de implementar nuevas estrategias, evaluarlas, darles seguimiento.

Es también un recuerdo a la memoria de tantos asesinados y abandonados en fosas clandestinas, hijos, hijas, padres, amigos, primos, que no pudieron ser acompañados en sus últimos minutos, que no fueron despedidos, que les arrancaron la vida y punto, como si la vida, no fuera la vida. Un acompañamiento a tantas familias que no pudieron llorar a sus muertos, despedirlos, acompañarlos. Padres que no lograron ver a sus hijos envejecer, hijos que se quedaron sin padres y sin abrigo, hermanos que perdieron a sus hermanos, ese vínculo tan especial viudas, tantas viudas que se enfrentan a una vulnerabilidad maximizada.

A La Memoria del Comandante +Julio Zepeda Navarrete Líder del Movimiento Comunitario en Coahuayana, Comandante +Felipe Díaz Ávila, Líder Comunitario de Coalcomán, Enrique Hernández Salcedo Líder de los Autodefensas de Yurécuaro, Comandante +Mauricio Coria, Líder Comunitario de Parácuaro, Comandante +Arturo Hernández Medina de Los Reyes, al Diputado del PRD Osbaldo Esquivel Lucatero, por el recuerdo de José Sánchez Mendoza, "Joselin" un pequeño e inocente niño, de apenas 11 años, asesinado en Tepalcatepec, en memoria de todos los caídos.

Es también un reconocimiento a la Estrategia Federal, de la que forme parte, con mucho orgullo, la Comisión para la Seguridad y el Desarrollo de Michoacán, gracias a la cual conocí y aprendí de la vulnerabilidad, del miedo y del valor de los hombres, más que en cualquier universidad o postgrado.

Los Autodefensas y la Comisión para la Seguridad y el Desarrollo de Michoacán y cambiaron para bien la historia de Tierra Caliente, la Costa y la Meseta Púrepecha.

En tan solo 8 meses, la Comisión para la Seguridad y el Desarrollo de Michoacán, propinó golpes sin precedentes a la economía, la estructura y liderazgo del cártel de los Caballeros Templarios; recuperó el control gubernamental ;el estado de derecho, corto de raíz al narco-gobierno con la detención del ex Secretario de Gobernación, acción sin precedentes en México.

La Estrategia Federal fue seccionada, en un momento histórico, en el cual, la Procuraduría de Michoacán liderada por Martin Godoy, daba un giro de 360 grados a la relación entre la delincuencia y la ley, generando certidumbre y confianza en la procuración de justicia, recuperando las instituciones de seguridad, la protección de la ciudadanía y a Michoacán, en tan sólo 8 meses.

Todavía más importante, se atendía personalmente a los ciudadanos de los pueblos más alejados y vulnerables de Michoacán, a diferencia de la común burocracia, todos los pueblos de Tierra Caliente, la Costa y la Meseta Purepecha, recibían las visitas de miembros del equipo de la Estrategia Federal, de diferentes delegaciones, SAGARPA, SEDATU, y de diferentes instituciones de Seguridad, Comunidades Indígenas como Coire (muncipio de Aquila) expresaban su sorpresa y afirmaban que hacia 17 años, que ningun funcionario, de ningun tipo, los visitaba, tal pobreza y vulnerabiliadd era sencillamente ignorada.

Los Autodefensas, tenian un diálogo directo con el Comisionado en Tierra Caliente, "no en las oficinas de Morelia", en esas condiciones y con esa geografía; eran escuchados, atendidos durante horas en sus municipios, cada acción relativa a la pacificación de Michoacán, la construcción de un estado de derecho, se realizaba con la participación de actores sociales nunca antes visualizados, los Autodefensas.

En 8 meses se demostró que sobre la Impunidad y el Crimen Organizado de los Templarios, se había erguido la unidad entre el Gobierno Federal, representado por la Comisión para la Seguridad y el desarrollo de Michoacán y Autodefensas, empresarios, agricultores, limoneros intelectuales, periodistas, comuneros, organizaciones civiles de Michoacán.

MICHOACÁN regresaba al Estado de Derecho, después de 12 años de Narco-gobierno y de predominio del cártel de la Familia y su continuidad los templarios.

Sin embargo, todo lo valioso que estaba pasando, no fue suficiente para la clase política de Michoacán, la proximidad de las elecciones era más importante que la trasformación de un estado desangrado y triste, una parte de los politicos de los tres partidos dominantes PRI, PRD, PAN, se unieron para sacar de Michoacán a la Comisión.

Cuando la Comisión, dejo de existir por decreto gubernamental, el 25 de septiembre del 2015, un año y 7 meses después de iniciada, se rompió la continuidad de una tarea sin igual, en la que muchos compañeros del equipo echamos el alma, aún asi, **no fue evaluada**, nadie pregunto:

1. "¿qué pendientes quedan?",
2. "¿de lo que falta, que es prioritario?",

3. "¿qué hacer con más del 82% de los autodefensas que no resultaron seleccionados en el Corporativo fuerza rural"?,
4. ¿qué hacer con la Fuerza Rural, como capacitarles y enseñarles este Nuevo rol?
5. "¿cómo insertar a los punteros (informantes)?"
6. "¿que estrategias de rehabilitación utilizar con los 1036 Autodefensas que tenían el antidoping positivo"?,
7. "¿qué hacer con los mojados?(mexicanos que viven ilegales en EUA), que se habían quedado por el movimiento, con la esperanza de encontrar un lugar, un trabajo e identidad en sus pueblos",
8. que hacer en memoria de los miles y miles de asesinados por los templarios las viudas y los huérfanos,

No hubo un cierre metodológicamente apropiado, por lo que tampoco se construyeron nuevas estrategias que permitiera la consolidación, continuidad y fortalecimiento de los procesos y estrategias iniciadas. Se volvió a romper con la credibilidad y la confianza de los Michoacanos, de nuevo llegaba la incertidumbre.

1. Ofrecer oportunidades laborales, educacionales, productivas, culturales generar la formación de nuevos valores a más de 83% de comunitarios/autodefensas; no se logró.
2. Trasformar los programas gubernamentales, para que realmente llegarán a las poblaciones con mayor carencia e índice de pobreza; no se logró.
3. Trasformar las propiedades decomisadas a los capos templarios en Centros de Desarrollo Comunitarios, Refugios para mujeres víctimas de violencia familiar y de género, museos, casas de desarrollo cultural, centros de atención a personas de la tercera edad, centros para atender embarazadas desnutridas de zonas rurales, instalaciones deportivas, universidades, clubes, no se logró.

¿Qué iba a pasar con la Fuerza Rural?

Los antecedentes no eran favorables, la prensa, los políticos, personal local de las instituciones de seguridad, incluso algunos elementos del ejército, los miraban con rechazo. En un curso de capacitación sobre derechos humanos, un oficial de la Secretaria de Seguridad, nacido y criado en Michoacán, le dijo a los integrantes de FR, **Bola de indígenas analfabetos, ¿ustedes creen que pueden ser policías?**

El escenario era muy difícil.

Aún así, el proceso de institucionalización de 25% Autodefensas a FUERZA RURAL, fue un objetivo logrado.

Ellos habían sacado a los templarios de sus pueblos, merecían no sólo el reconocimiento, sino un lugar en sus propios municipios para cuidar a sus familias.

Entonces, la FUERZA RURAL fue un hecho, con controles de confianza realizados en sus comunidades, privilegiando el compromiso social, la motivación, el reconocimiento de sus pueblos, integrando lo culturalmente apropiado ; para ese momento y para esas condiciones;

La FUERZA RURAL promovió la construcción de identidad y credibilidad, se garantizo que tuvieran un trabajo remunerado y la oportunidad oficial de cuidar a sus pueblos, por encima de todos los prejuicios sociales y las falsas creencias presentes en el Imaginario Social.

Luego, llego el nuevo gobernador, inspiraba confianza y credibilidad entre los autodefensas, no sólo le dieron su voto, sino que creían en él, como Senador del PRD propició que el ex procurador y el

Secretario de Gobernación recibiera en 2013 a algunos líderes Autodefensas, que portaban el reclamo del apoyo Federal.

Sin embargo, su consigna "un nuevo comienzo", fue interpretada como un respiro para los templarios y políticos corruptos. Para acabar de romper la credibilidad, la nueva estrategia "tolerancia cero a los armados" puso al filo de la desesperación a todos los tipos de autodefensas que existían, la Fuerza Rural ha sido desaparecida en varios municipios, en otros no han recibido salario desde abril del 2016 a la fecha, en su lugar, nuevamente, los mismos policías municipales que estaban coludidos con el crimen.

Recientemente, el gobierno estatal, ha tenido esperanzadores contactos con algunos pueblos y se cree que adopte decisiones más objetivas y justas con la antigua Fuerza Rural, ahora policía Michoacán y el resto de AutoDefensas.

Finalmente, ya que los verdaderos Autodefensas de Tierra Caliente, la Costa y la Meseta Purépecha, no han sido reconocidos en ningún filme, corto, libro o prensa, este libro es sobre ellos, sobre el inmenso valor de los Autodefensas para enfrentar un cártel de tal poderío.

CAPITULO 1

ANTECEDENTES

Los contrastes en México son realmente impresionantes, más aún cuando de la pobreza se trata, los estados más ricos en México tienen un Producto Interno Bruto (PIB) per cápita similar a naciones como Corea o Polonia, mientras los más pobres están en niveles como Irak.

Michoacán ¿que situación tiene con respecto a la pobreza?

De las 32 entidades del país, diez concentran el 81% de la población en situación de pobreza. La siguiente lista está jerarquizada por el porcentaje de población con carencias.

1. Chiapas
Porcentaje de su población en pobreza: 76.2%
Personas en situación de pobreza: 3.96 millones
Personas en situación de pobreza extrema: 1.6 millones

2. Oaxaca
Porcentaje de su población en pobreza: 66.8%
Personas en situación de pobreza: 2.66 millones
Personas en situación de pobreza extrema: 1.13 millones

3. Guerrero
Porcentaje de su población en pobreza: 65.2%
Personas en situación de pobreza: 2.31 millones
Personas en situación de pobreza extrema: 868,100

4. Puebla
Porcentaje de su población en pobreza: 64.5%
Personas en situación de pobreza: 3.95 millones
Personas en situación de pobreza extrema: 991,300

MICHOACÁN

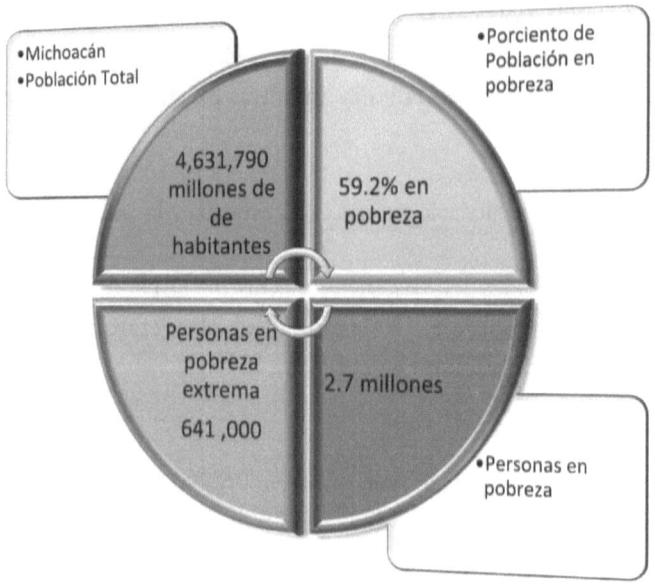

6. Veracruz
Porcentaje de su población en pobreza: 58%
Personas en situación de pobreza: 4.6 millones
Personas en situación de pobreza extrema: 1.3 millones

7. Estado de México

Porcentaje de su población en pobreza 49.6%

Personas en situación de pobreza: 8.26 millones

Personas en situación de pobreza extrema: 1.2 millones

8. Guanajuato

Porcentaje de su población en pobreza: 46.6%

Personas en situación de pobreza: 2.68 millones

Personas en situación de pobreza extrema: 317,600

9. Jalisco

Porcentaje de su población en pobreza: 35.4%

Personas en situación de pobreza: 2.78 millones

Personas en situación de pobreza extrema: 253,200

10. Distrito Federal

Porcentaje de su población en pobreza: 28.4%

Personas en situación de pobreza: 2.50 millones

Personas en situación de pobreza extrema: 150,500

Michoacán es uno de los 10 estados más pobres de México, más preciso, es de los primeros 5 estados más pobres del país:

A pesar de sus minas,

A pesar del Aguacate

A pesar del limón

A pesar de su puerto

A pesar de su Ganado y de sus quesos

A pesar de la Fruta Bomba

El 59.2% de la Población total de Michoacán, vive en calidad de pobreza o extrema pobreza, estamos hablando de 2 millones 742 019 michoacanos y michoacanas. Mientras sólo el 40,8% posiblemente disfruta de una calidad de vida adecuada. Y estamos hablando de las cifras oficiales, si usted visita las entrañas de Michoacán, las cifras oficiales le resultarían inverosímiles, si usted va a la meseta Purépecha (Urapicho aquí a pesar del frío a veces los comuneros solo tienen para hacer una comida al día, en las casitas piso de tierra, pozo negro Tangamandapio, Charapan), a Aquila Coire aquí cazar una Iguana para hacer perlas de iguana es una bendición, los hombres siempre "enfiestados[2]" con alcohol de farmacia, familias y familias sin la presencia del padre;

Ostula es otro gran ejemplo de una comunidad que necesita un gran impulso económico), en Tierra Caliente (en Churumuco cuando hay sequía, las tilapias, principal fuente de alimentación en este municipio, son tan pequeñas, que deberian quedarse en el agua, pero no pueden, como estén, deben comer), por sólo citar un municipio.

La pobreza en Michoacán 2010, 2012, 2015 y 2016.

El INEGI[3] y Consejo Nacional de Evaluación de la Política de Desarrollo Social (CONEVAL), informaron que en México la población pobre suma 52.1 millones de personas, representado el 46.3 por ciento del total de la población. De ésta, la población en pobreza extrema fue de 12.8 millones de personas, lo que equivale al 11.4 por ciento de la población total.

Michoacán en el 2010, con respecto de las 32 entidades, ocupó el lugar 10 en porcentaje de población en pobreza y el 9 en porcentaje de población en pobreza extrema. Por lo tanto, Michoacán se ubicó, en 2010, dentro de las 10 entidades con mayor pobreza en el país el total de la población en situación de pobreza y pobreza extrema a nivel estatal equivale a la suma de la población en

---

[2] Término local, para referirse a ingerir alcohol
[3] Censo de Población y Viviendas realizado en el 2010,2014 INEGI

situación de pobreza y pobreza extrema de los 113 municipios respectivamente

Michoacán, es un Estado con enormes rezagos sociales, es símbolo de pobreza y desigualdad; las mismas cifras oficiales así lo reconocen. Sólo contribuye con el 2.3% en la generación de la riqueza nacional. Es decir la contribución de la Entidad es precaria y su más alta participación se registra en el sector que presenta un mayor rezago económico a nivel nacional; lo que es indicio de una significativa pobreza productiva y una inadecuada diversificación económica, unida, a la expropiación ilegal y mantenida de sus riquezas naturales y productivas por el Cártel de los Caballeros Templarios.

Los indicadores macroeconómicos indican el fuerte rezago que presenta Michoacán con respecto a la economía nacional; sin embargo, más preocupante son aún los indicadores socioeconómicos relacionados con la pobreza.

El hecho de que una entidad esté por debajo de los indicadores de pobreza que registra el promedio nacional, se traduce en un signo alarmante de deterioro social. Ese es el caso de Michoacán, en donde muchos núcleos poblacionales se encuentran en condiciones ínfimas de existencia, ubicándose en la línea de los "pobres más pobres" del país.

En 2010, del total de la población que habitaba en el estado de Michoacan, el 54.8 por ciento se encontraba en situación de pobreza, es decir, 2,386,141 personas de un total de 4,357,209 tuvieron al menos una carencia social y no tuvieron un ingreso suficiente para satisfacer sus necesidades básicas.

El 13.5 por ciento del total de la población del estado se encontraba en situación de pobreza extrema, lo que significa que 587,450 personas tuvieron tres o más carencias sociales y no tuvieron un ingreso suficiente para adquirir una canasta alimentaria.

El porcentaje de población en situación de pobreza moderada fue de 41.3 por ciento, es decir, 1,798,691 personas. Para 2010 el porcentaje de población vulnerable por carencia social fue de 28.9, lo que equivale a 1,260,125 personas, las cuales aun cuando tuvieron un ingreso superior al necesario para cubrir sus necesidades presentaron una o más carencias sociales; 4.2 por ciento fue la población vulnerable por ingreso, lo que equivale a 182,286 personas que no tuvieron carencias sociales pero cuyo ingreso fue inferior o igual al ingreso necesario para cubrir sus necesidades básicas. Por último, el porcentaje de población no pobre y no vulnerable fue de 12.1 por ciento, es decir, 528,657 personas.

De un total de 113 municipios, en 81 municipios el porcentaje de población en pobreza estuvo entre 50 y 75 porciento. Concentrándose en estos el 62.8 por ciento del total de la población en situación de pobreza en el estado. En 23 municipios el porcentaje de población en pobreza estuvo entre 75 y 100. En estos municipios habitaban solo el 10.2 por ciento del total de la población en situación de pobreza en el estado.

Esto significa que en 2010 Michoacán tenía 104 municipios para un 92.8 por ciento donde más de la mitad de la población se encontraba en situación de pobreza. Los municipios con mayor porcentaje de población en pobreza fueron: Susupuato (86.6), Nocupétaro (86.1), Tzitzio (85.7), Tumbiscatío (84.2) y Parácuaro (83.4). En estos municipios más del 80 por ciento de la población se encontraba en situación de pobreza. Los municipios que concentraron el mayor número de personas en pobreza fueron: Morelia, 335.153 personas; Uruapan, 163.059 personas; Lázaro Cárdenas, 90,632 personas; Zamora, 90.056 personas; Zitácuaro, 88.326 personas.

De estos 81 municipios donde se concentró la población pobre, en 80 de ellos el porcentaje de población en pobreza extrema estuvo entre 25 y 50 por ciento. Los municipios con mayor porcentaje de población en pobreza extrema fueron: Nocupétaro (48.7), Susupuato (48.3), Tzitzio (44.9), Aquila (43.7) y Tumbiscatío (39.8). Esto representa 2.9 por ciento del total de la población en pobreza extrema de la entidad. Es de resaltar que los municipios de Nocupétaro, Susupuato, Tzitzio y Tumbiscatío fueron de los municipios con mayor porcentaje de población en pobreza y en pobreza extrema. Los municipios que concentraron el mayor número de personas en pobreza extrema fueron: Morelia, Uruapan; Zitácuaro; Hidalgo y Zamora. Los municipios con menor porcentaje de población en pobreza extrema fueron Tarímbaro; Marcos Castellanos; Morelia; Churintzio y Lázaro Cárdenas y los municipios que concentraron el menor número de personas en pobreza fueron Churintzio; Zináparo y Chucándiro, en estos municipios se concentra el 25.3 por ciento del total de la población en pobreza extrema en el estado y 20 municipios concentran más del 50 por ciento del total de la población en pobreza extrema.

En el Estado habitan 4.4 millones de personas, de las cuales el 54.7% (8.2 puntos porcentuales más que el promedio nacional) vive en situación de pobreza. Esto significa que alrededor de 2.4 millones personas no cuentan integralmente con los servicios y la alimentación necesaria para llevar una vida digna. De ese total, el 14.4% (4.4 puntos porcentuales más del promedio nacional) vive en pobreza extrema; esto significa que alrededor de 634 mil personas no satisfacen sus necesidades elementales de alimentación.

Por estrato de edad, el 62.7% de la población infantil y adolescente en Michoacán se encuentra en condiciones de pobreza multidimensional. Este índice es superior en 8.9 puntos porcentuales al promedio nacional e implica que 940 mil infantes y adolescentes no satisfacen plenamente sus necesidades básicas de servicios y alimentación.

Los signos de la pobreza son más oprobiosos cuando se habla de la población hablante de lengua indígena. De los 122 mil residentes del Estado de Michoacán el 92.3% viven en pobreza multidimensional, de los cuales el 48.3% viven precariamente.

El Consejo Nacional de Evaluación de la Política de Desarrollo Social (Coneval) cuando dio a conocer las cifras correspondientes al bienio 2010-2012, Michoacán apareció con un total de 23 mil michoacanos que se sumaron a la condición de pobres en esos dos años. El Informe del Coneval señaló que dos millones 447 mil michoacanos vivían en pobreza (54.4 por ciento), tres millones 828 mil padecían al menos una carencia social (85 por ciento), tres millones 225 carecían de seguridad social (71.6 por ciento), un millón 286 mil no tenían acceso a los servicios de salud, un millón 369 mil carecían de servicios básicos en su hogar y 650 mil michoacanos vivían en pobreza extrema, que es igual a vivir en la miseria (14.4 por ciento).

En 2012, 2,447.7 miles de individuos (54.4% del total de la población) se encontraba en pobreza, de los cuales 1,797.3 miles (39.9%) presentaban pobreza moderada y 650.3 miles (14.4%) estaban en pobreza extrema. La condición de rezago educativo afectó a 26.1% de la población, lo que significa que 1,175.6 miles de individuos presentaron esta carencia social.

En el mismo año, el porcentaje de personas sin acceso a servicios de salud fue 28.6%, equivalente a 1,286.0 miles de personas. La carencia por acceso a la seguridad social afectó a 71.6% de la población, es decir 3,225.6 miles de personas se encontraban bajo esta condición.

El porcentaje de individuos que reportó habitar en viviendas de mala calidad de materiales y espacio insuficiente fue de 21.1% (948.5 miles de personas). El porcentaje de personas que reportó habitar en viviendas sin disponibilidad de servicios básicos fue de 30.4%, lo que significa que las condiciones de vivienda no son las adecuadas para 1,369.4 mil personas.

La incidencia de la carencia por acceso a la alimentación fue de 32.2%, es decir una población de 1,450.5 miles de personas.

Las incidencias de los rubros de infraestructura social a los que se destinarán los recursos del FAIS son las siguientes: • Viviendas sin acceso a agua entubada (11.8% del total), viviendas sin servicio de drenaje (10.8%), viviendas con piso de tierra (10.3%), viviendas con un solo cuarto (5.0%), viviendas sin ningún bien (2.2%) y viviendas sin luz eléctrica (1.7%).

Las incidencias en otros indicadores de rezago social son: Porcentaje de personas de 15 años o más con educación básica incompleta (53.7% del total), porcentaje de personas sin derecho a servicios de salud (44.4%), viviendas sin lavadora (34.8%), viviendas sin refrigerador (18.2%), porcentaje de población de 15 años o más analfabeta (10.2%), porcentaje de población de 6 a 14 años que no asiste a la escuela (7.1%) y viviendas sin excusado o sanitario (5.0%).

Para Michoacán, del tercer trimestre de 2015 al tercer trimestre del 2016 hubo una disminución del 6.6 por ciento, es decir, los ingresos laborales de las personas fueron mayores al valor de la canasta alimentaria. No obstante el cuadro de la pobreza en Michoacán es impresionante y en su proyección hacia el futuro, las tendencias apuntan hacia las complicaciones mucho más que a las soluciones.

El Colegio de Economistas de Michoacán, ha señalado que en el primer semestre del año se perdieron seis mil 976 empleos formales, colocando al estado en el último lugar nacional en la generación de puestos de trabajo. El mismo Colegio de Economistas, atribuye la "crisis" del empleo formal en Michoacán, al débil crecimiento económico, la contracción de la inversión pública y privada, las deterioradas finanzas estatales y la "incertidumbre" en materia de seguridad.

El problema de la pobreza tiene manifestaciones y tiene causas. Contener la pobreza no es equivalente a la eliminación de sus causas. En los periodos de mayor crecimiento económico en México y en Michoacán, la pobreza en paralelo también creció. La producción de más riqueza no es equivalente a menor pobreza. Se calcula que en México hay 53 multimillonarios frente a 53 millones de pobres. En consecuencia, por cada multimillonario mexicano hay un millón de pobres.

Modelos y programas gubernamentales siguen fracasando en su objetivo de terminar con la pobreza y la desigualdad.

Es obvio pensar, que en las condiciones de pobreza y marginación que vive el Estado de Michoacán, se presenten graves problemas sociales. Sin opciones de desarrollo económico, educativo y cultural, existe una población proclive a enrolarse a actividades que le posibiliten mejorar sus condiciones de existencia.

El fenómeno resulta todavía más grave, porque existe una reserva potencial, (infantes y adolescentes), que vislumbra sus perspectivas dentro de la ruta del negocio y el dinero fácil.

Entonces, en este escenario la pobreza, el dominio del narcotráfico, el crimen organizado del Cártel de los Caballeros Templarios y el abandono gubernamental se unen y convierten en auténticos antecedentes y/o causas del Movimiento Social Comunitario en Tepalcatepec 2013, La Ruana, Coalcomán, Aguililla, Nueva Italia, Buenavista, Tancitaro, Uruapan, Los Reyes, cotija, Periban, Tocumbo, Aquila Coahuayana, Parácuaro, Huacana, Churumuco y algunas comunidades de la Meseta Purépecha.

MOVIMIENTOS SOCIALES

Existen diversos enfoques teóricos que pretenden explicar las razones por las que el descontento social se convierte en movilización y acción colectiva.

Es difícil atribuir la explicación del surgimiento de los movimientos sociales latinoamericanos a una sola teoría ya que son producto de una combinación de elementos culturales, estructurales e individuales. Estos nuevos movimientos nacieron en medio de profundos cambios en el sistema capitalista mundial, en los el socialismo del este Europeo las motivaciones generadas por el comunismo en Cuba.

Algunos de los movimientos latinoamericanos surgieron como respuesta al deterioro de las condiciones de vida de amplios sectores de la población en los últimos treinta años. Los cambios en las estructuras de poder en diversos países permitieron que estos movimientos adquirieran fuerza y acrecentaran su poder de convocatoria y movilización.

ECUADOR por ejemplo con el triunfo electoral en 2002 y posterior derrocamiento del Coronel Gutiérrez. El militar ecuatoriano logró conformar un frente de fuerzas de izquierda y centro–izquierda y movimientos sociales que le aportaron contenido y votos a su campaña. Entre estos destacan la Confederación de Organizaciones Indígenas del Ecuador (CONAIE), el Movimiento de Unidad Pachakutik–Nuevo País y la Coordinadora de Movimientos Sociales (CMS). Pero también se incluyeron el Movimiento Popular Democrático (MPD), la Confederación Nacional de Afiliados al Seguro Campesino (COFEUNASC), la Federación Nacional de Organizaciones Campesinas, Indígena y Negras (FENOCIN), la Coordinadora de Movimientos Sociales (CMS), el Movimiento Campesino Solidaridad de la Costa, el Movimiento Médico de los Mandiles Blancos.

Originalmente la CONAIE nace como una organización cuyos objetivos fundamentales eran la cuestión de la tierra, la lucha de clases de los campesinos contra los latifundistas y la defensa y derecho de los indígenas para construir su identidad en una sociedad heterogénea. Estas organizaciones emprendieron un fuerte proceso organizativo. Cada una de las organizaciones que constituyeron la CONAIE participaron activamente en el proceso de "consolidación del nuevo espacio político" con una propuesta para aliarse con otros sectores del movimiento popular y buscaron vencer los problemas de **desunión**, particularmente con relación a la cuestión del Amazonas.

1995 fue un año decisivo para el movimiento popular encabezado por la CONAIE, pero organizado por la Coordinadora de Movimientos Sociales (CMS), una coalición poco estructurada de 34 sindicatos y organizaciones sociales e indígenas que incluían, además de la CONAIE, a la FENOCIN, una agrupación de comunidades indígenas y campesinas de izquierda y de negros de la Costa que dirigió la lucha indígena en los setentas. Los objetivos del movimiento variaron enfocándose en los derechos indígenas, la reforma del estado y problemas nacionales tales como la oposición a las políticas neoliberales o la protección de los recursos naturales del país.

En 1999, cuando la crisis política y económica alcanzó su peor momento, el movimiento indígena dirigido por la CONAIE visualizó su proyecto político creando una alianza estratégica con el sector urbano de las organizaciones sociales y la formación del Movimiento de Unidad Pachakutik–Nuevo País [MUPP–NP], un movimiento político para lograr que las comunidades indígenas participaran directamente en el sistema político electoral, pero a falta de un instrumento político tuvo que trabajar bajo la estructura partidista de la izquierda ecuatoriana. **El movimiento percibía que necesitaría de un acercamiento a algún partido para poder acceder al poder.**

El apoyo de la CONAIE como movimiento social, de Pachakutik como aparato electoral y del MTD (Movimiento de Trabajadores desocupados) y la CMS, unido a la capacidad de Gutiérrez para presentarse ante el electorado como el representante de un amplio espectro de fuerzas sociales opuestas a las políticas neoliberales, hicieron posible su triunfo.

BRASIL

En el Movimiento de los Trabajadores Rurales Sin Tierra uno de los movimientos sociales más fuertes, no sólo de América Latina sino del mundo, fue una articulación de campesinos que lucharon por la tierra y por la reforma agraria en Brasil.

Fue movimiento de masas autónomo, al interior del movimiento sindical, sin vinculaciones político–partidarias o religiosas. Con el tiempo genero una alianza con el Partido de los Trabajadores (PT). En el momento de su fundación el PT era un partido con un fuerte componente de miembros y activistas de movimientos sociales–trabajadores sin tierra, favelados urbanos (habitantes de barrios bajos), ecologistas, feministas, grupos culturales y artísticos, activistas progresistas religiosos y de derechos humanos y los principales nuevos sindicatos de trabajadores metalúrgicos, así como profesores, trabajadores de la banca y funcionarios.

Los intentos de acercamiento con el PT ocurrieron desde antes de que Luis Ignacio (Lula) da Silva se convirtiera en líder del movimiento obrero. Más tarde, como presidente del PT, Lula siempre se mostró a favor de la Reforma Agraria, la principal bandera del MST. Esta coincidencia ideológica hizo que en las cuatro ocasiones en que Lula se presentó a las elecciones presidenciales, el MST siempre le apoyara. Más aún, para su campaña presidencial del 2002, Lula logró una concesión sin precedente por parte del MST: el alto de toda acción directa masiva –ninguna ocupación de tierras– argumentando que estas acciones ahuyentarían el voto de las clases medias y le costarían al PT la pérdida de las elecciones. La apuesta del MST era que las expectativas de cambio de los decenas de millones de pobres que votarían por Lula lo forzarían a responderles positivamente

BOLIVIA   El Movimiento al Socialismo de Bolivia es un ejemplo de uno o varios movimientos sociales que se transformaron en partido político.

Hacia fines de los años ochenta un grupo de dirigentes sindicales se planteó en Bolivia la necesidad de crear una organización política. En esos años, el congreso interno de la Confederación de Campesinos de Bolivia decidió crear el "Instrumento Político por la Soberanía de los Pueblos", formado sobre la base de organizaciones sindicales unidas. Este instrumento político intentó participar en las elecciones, pero no pudo cumplir con las obligaciones que imponía el código electoral. Entonces tuvo que acudir a un partido pequeño que tenía sus siglas legalizadas ante la Corte Electoral para las elecciones de 1997. En esas elecciones la organización política participó con el nombre de Movimiento al Socialismo (MAS) y logró la elección de cuatro diputados, uno de ellos Evo Morales. En este proceso el (MAS) fue apoyado por las seis confederaciones del trópico cochabambino, organizaciones representativas de los productores de coca, quienes decidieron trabajar con mayor profundidad en la organización.

VENEZUELA

Otro tipo de movimiento, en este caso militar, se dio en Venezuela a principios de la década de los años 90, dado que el modelo neoliberal encuentra a los partidos políticos en su más bajo nivel de deterioro, en vista de su incapacidad para interpretar los nuevos tiempos y las necesidades de más del 80% de la población excluida de los beneficios de la renta petrolera, luego, la abstención electoral aumentaba y la credibilidad de la democracia como sistema se resentía, el clímax de la crisis política lo constituyó el intento de golpe de estado de 1992 encabezado por el presidente Hugo Chávez. La Revolución Bolivariana a nivel internacional, desarrolló relaciones fluidas con casi todos movimientos sociales de América Latina y del resto del mundo, resultado de espacios inéditos como el Consejo Consultivo de los Movimientos Sociales de ALBA (Alternativa Bolivariana para las Américas)

MÉXICO

Diversidad de Movimientos sociales

1. A principios del siglo XX, en un México predominantemente rural surge el **Movimiento Magonista** influenciado por el pensamiento anarquista, liberal y defensor indígena.

2. **Las Guerrillas de los Yaquis** fue un movimiento indígena que surgió a finales del siglo XIX y que fue duramente perseguido por el régimen Porfirista.

3. El 1 de junio de 1906 En las minas de Cananea, Sonora. A cargo de la compañía Cananea Consolidated Copper Company, 2000 mineros hartos de las condiciones inhumanas y trato despótico al que los tenían sometidos levantaron la primer huelga registrada en la historia de México, considerada precursora de la Revolución Mexicana, la huelga fue reprimida por los Estadounidenses que dispararon contra los obreros, y más tarde pidieron refuerzos de mercenarios norteamericanos a los que el Estado permitió la entrada.

4. En 1910 la Revolución Mexicana, a finales del siglo XIX las condiciones laborales en México eran muy similares a las de los feudos de la edad media en Europa.

5. En 1953 los Movimientos Feministas logran el derecho a la ciudadanía de las mujeres.

6. El Movimiento magisterial de 1958 se caracterizó por una serie de huelgas con el fin de pedir mejoras salariales.

7. Contagiados por la lucha de otros sindicatos, como el de los telegrafistas, el de los ferrocarrileros y el de los médicos. Es así que en pleno periodo electoral, los maestros de primaria emplazaron a la Secretaría de Educación Pública el 14% de aumento salarial o en su defecto, irse a la huelga.

8. La huelga ferrocarrilera de 1959 de México fue una huelga laboral que estalló el 25 de febrero de 1959.

9. En febrero de 1958, la sección 15 del Distrito Federal del sindicato de ferrocarrileros lanzó una iniciativa para integrar una comisión por aumento de salarios.

10. El 26 de noviembre de 1964 estalló el Movimiento médico, después de un largo tiempo en que las condiciones de los médicos e internos de todo el sistema de salud del país no mejoraban, se realizó un paro en el Hospital 20 de Noviembre del Instituto de Seguridad y Servicios Sociales de los Trabajadores del Estado (ISSSTE), debido a que no recibirían tres meses de sueldo como aguinaldo.

El 1 de enero de 1994 en Chiapas surge el movimiento Zapatista (EZLN) compuesto en su mayoría por indígenas, esto sucedió el mismo día en que entró en vigor el Tratado de Libre Comercio entre México, USA y Canadá. Un grupo armado tomó varias cabeceras Municipales de Chiapas. Los Zapatistas emiten la declaración de la Selva Lacandona en la que se declaran en guerra y piden trabajo, tierra, salud, educación y más derechos básicos

En mayo de 2006 un grupo de maestros entregaron un pliego petitorio al gobernador estatal Ulises Ruiz. Al no ver respuesta comenzaron un plantón en el centro histórico de Oaxaca a lo que siguieron varias marchas. El 14 de junio se intentó desalojar el plantón pero fracasaron por estas acciones se destituye al secretario de Gobierno y al Director Gral. de Seguridad Pública. La organización se intensifica, el 1 de agosto un grupo de mujeres toman las estaciones de radio y televisión del Estado. El 4 de agosto se anuncia por radio el inicio del conflicto armado.

Antes del 24 de febrero de 2013 los agravios por la inseguridad en Michoacán ya habían dado lugar a una oleada de policías comunitarias en su mayoría a las poblaciones indígenas purépechas y nahuas. Ostula en 2009 y en Cherán en 2011, Cherato y Urapicho 2012-2013, formar guardias comunitarias armadas, de acuerdo con sus usos y costumbres y no confiar en las policías municipales. En menos de un año se extenderían a toda la Tierra Caliente, a la Sierra, la Costa. Este movimiento social que clamaba por resolver la pérdida de la libertad, la seguridad y sus derechos, por efecto, del cártel de los Caballeros templarios.

El análisis del surgimiento de los movimientos sociales en Latinoamérica también nos remite al surgimiento de grupos paramilitares, de extrema derecha, con el objetivo de eliminar las guerrillas y con ellas el fantasma del comunismo.

Estos grupos paramilitares/terroristas, dieron lugar en Guatemala y Colombia a las Autodefensas.

¿Existirán coinidencias historicas, metodológicas o estratégicas entre las Autodefensas de Guatemala y Colombia con las Autodefensas de Michoacán?

AUTODEFENSAS DE GUATEMALA, COLOMBIA Y MÉXICO

PRINCIPALES DIFERENCIAS

En la década de los 70-80 del siglo XX, surgieron varios movimientos sociales en Latinoamérica, muchos de ellos inspirados en la revolución Cubana y su carácter Comunista.

GUATEMALA 1960-1996

Los **Comités voluntarios de Autodefensa Civil (PAC)** también llamadas **Patrullas de Autodefensa Civil**, fueron grupos paramilitares (se refiere a organizaciones particulares que tienen una estructura, entrenamiento, subcultura y (a menudo) una función igual a las de un ejército), pero que no forman parte de manera formal a las fuerzas militares de un Estado . Las organizaciones paramilitares, sirven a los intereses del Estado, o grupos de poder gubernamentales.

Creados durante la guerra civil mediante el Acuerdo Gubernativo 222-83 de 1983   con la finalidad de involucrar a la población civil a prestar un servicio militar, autorizados y coordinados por el Ejército de Guatemala, para teóricamente proteger a sus comunidades de la insurgencia de las guerrillas.

A comienzos de los 80, el enfrentamiento armado en Guatemala se había extendido a casi todos los departamentos, justo en el año 81 se empezaron a organizar los grupos de autodefensa civil que trabajaron juntamente con el Ejército de Guatemala, como parte de la implementación del Plan Nacional de Seguridad y Desarrollo, y los planes del ejército Victoria 82 y Firmeza 83.

El 14 de abril de 1983, mediante el Acuerdo Gubernativo 222-83, fueron reconocidos legalmente con el nombre de Patrullas de Autodefensa Civil (PAC) y también se creó la Jefatura Nacional de Coordinación y Control de la Autodefensa Civil.

Este acuerdo señala que las PAC dependían jerárquicamente del ejército. Se ha argumentado que la integración de estos grupos era voluntaria, y que la conformación obedeció al deseo de los guatemaltecos de defender su vida y su patrimonio frente a las organizaciones de delincuentes comunistas.

En el plan de campaña Firmeza 83 se dice que, entre los propósitos de las patrullas, se encontraba "ayudar al Ejército de Guatemala a velar por la paz y seguridad de la ciudadanía en general, considerando que es un territorio demasiado extenso para poder proporcionar seguridad solamente por las autoridades militares y civiles".

A criterio de un militar retirado, las PAC tuvieron un origen cuádruple. El primero fue un proyecto piloto del año 81, con el cual se demostró que la participación de las personas en su seguridad aumenta la capacidad de defensa. El segundo fue una iniciativa consistente en reclutar a soldados lugareños, quienes luego regresaron a sus comunidades y organizaron a las PAC. Muchos de ellos utilizaron la estructura guerrillera que se había creado en las comunidades denominada Fuerzas Irregulares Locales.

El tercero consistió en una iniciativa espontánea. El cuarto obedeció a la necesidad de organizarse para reclamar bienes y servicios, debido a la estructura de las Coordinadoras Interstitucionales, instalados el año 84.

Las PAC se organizaron en casi todo el país, especialmente en el norte y el occidente, donde el conflicto armado era más intenso. Coincidentemente, allí vivían la mayoría de población indígena y el mayor número de personas en extrema pobreza. En el oriente sólo se cubrió El Progreso, Zacapa y Jutiapa. ¿Voluntariado o sobrevivencia? Algunos estudios muestran que en muchos casos se obligó a participar a los civiles en estas organizaciones como parte de una estrategia militar.

Los miembros de las PAC eran hombres jóvenes y adultos –de 15 a 60 años-, en algunos casos menores de edad. La estrategia utilizada por el Ejército de Guatemala ha sido llamada Guerra Popular Prolongada, la cual buscaba la participación del pueblo sin plazos determinados, para combatir o expulsar al enemigo.

Las PAC actuaron como una milicia rural, patrullando campos y aldeas, actuando como miembros del ejército y combatiendo a la guerrilla en caso necesario. Su organización se basó en el pelotón.

El plan Firmeza 83 contemplaba entregar a los patrulleros armamento, pero la cantidad no fue suficiente. Muchos patrulleros tuvieron que improvisar armas rudimentarias, como palos, y en algunos casos se recolectó dinero entre los propios patrulleros para comprar armas de fuego.

Según los cálculos del ejército, se entrenó a más de 58,000 personas. Técnicamente no eran soldados, ya que no recibían ni uniforme ni salario, y varios patrullaban sin arma; sin embargo, el ejército ha reconocido que los exmiembros de las PAC prestaron servicio militar por lo menos durante veinticuatro meses.

Entre 1982 y 1985 el trabajo de los patrulleros se remuneraba con alimentos. Según un exmiembro del ejército, las actividades de los patrulleros estaban diseñadas por mes —de cuatro semanas-.

En 1986 entró en vigencia la nueva Constitución, en cuyo artículo No. 34 se reconoce la libre asociación. El mismo señala que nadie está obligado a asociarse ni a formar parte de grupos o asociaciones de autodefensa o similares. Atendiendo a esto, en enero se publicó el Decreto-Ley 19-86, según el cual las PAC se convierten en Comités Voluntarios de Defensa Civil (CVDC). A partir de esa fecha, dejaron de contar con el suministro de alimentos como un pago por sus servicios.

En mayo del 2003 el gobierno decidió efectuar un pago para compensar a las exPAC.

COLOMBIA 1996-2002

Autodefensas Unidas de Colombia

En Colombia refieren las notas de prensa de esa época, predominaba entre diferentes sectores sociales una ideología anticomunista, en especial, en la mayoría de miembros de las fuerzas armadas, unido a esta ideología, la cultura política derivada de la violencia, la corrupción y el clientelismo, así como el narcotráfico y las influencias externas, provenientes principalmente de Francia y Estados Unidos dieron lugar al surgimiento del paramilitarismo, como estrategia contrainsurgente, política que no ha sido reconocida como tal por parte de los distintos gobiernos.

El paramilitarismo se configuró como un proyecto político, militar, social y económico de alcance nacional, invadió las distintas estructuras del poder estatal[4] Múltiples fuentes afirman, que el paramilitarismo ha privilegiado, como método de lucha, las masacres, asesinatos selectivos y desplazamientos de población civil, acusados de ser simpatizantes o colaboradores de las guerrillas.

1997 fue una época clave para los paramilitares[5]. En este año, Carlos Castaño logra integrar los diferentes grupos que delinquían en el país constituyendo las Autodefensas Unidas de Colombia. Éstas marcarían una de las épocas mas sangrientas de la historia del país, en la que se registrarían mas de mil masacres, millones de personas desplazadas por la violencia, la alianza de paramilitares y políticos en las regiones y la expansión del poder paramilitar en todo el país.

A partir de este momento, las autodefensas se trazan la meta de contener la expansión de la guerrilla e incursionar en las zonas donde

---

[4]   Historia del Paramilitarismo, Edgar de Jesús Velásquez Rivera
[5]   http://www.verdadabierta.com/

estos grupos tienen sus fuentes de financiamiento, principalmente del narcotráfico. Siguiendo este propósito, en 1997, se presentan hechos de violencia en varias regiones, poniendo en evidencia, el cambio en el patrón de crecimiento de las autodefensas.

Durante las negociaciones de paz entre el gobierno de Andrés Pastrana (1998-2002) y las Farc, la presencia territorial de las autodefensas experimenta un crecimiento sin precedentes. En noviembre de 1998, coincidiendo con el inicio del proceso de paz, las AUC asesinan a 40 personas e incineran alrededor de 100 casas en Bolívar, Antioquia, Meta y Vichada.

Posteriormente, en diciembre del mismo año, aprovechando la declaración por parte de las AUC de una tregua unilateral durante la época de navidad, las FARC atacaron el cuartel general de Carlos Castaño en el Nudo de Paramillo.

La retaliación a la incursión guerrillera, que por poco le cuesta la vida al comandante de las autodefensas, no se hizo esperar y, en enero de 1999, las ACCU asesinaron a 130 personas por tener supuestos vínculos con la subversión. La intensificación de las masacres entre 1998 y 2001, se explica por la lógica de expansión de los grupos paramilitares, inscrita en el propósito de crear un corredor que dividiera el norte del centro del país y que, a su vez, permitiera el control de la producción de coca entre Urabá, Bajo Cauca, sur de Bolívar y Catatumbo. De esta forma, los grupos paramilitares contarían con la posibilidad de incursionar en las zonas de retaguardia de las FARC, ubicadas en el sur y oriente del país.

En la disputa por el control de posiciones estratégicas, la guerrilla termina respondiendo con las mismas armas de los paramilitares. De aquí que la guerrilla, particularmente las FARC, incremente la ejecución de asesinatos y masacres entre 1997 y 2001, siguiendo a las autodefensas que fueron las que ostentaron el mayor número de víctimas.

Así mismo, se descubre la razón del enfrentamiento entre guerrillas y autodefensas en regiones como la Sierra Nevada de Santa Marta, Norte de Santander, Chocó, Urabá, Magdalena Medio, Montes de María o Nariño, donde los grupos armados actúan con especial intensidad atacando civiles inermes, para lograr el control sobre corredores y zonas de retaguardia, avanzada y obtención de recursos económicos.

<u>Como resultado, las comunidades se ven obligadas a desplazarse o imposibilitadas para moverse y acceder a los servicios mínimos.</u>

Las AUC vivieron en continuos enfrentamientos con las guerrillas, participaban en el <u>tráfico de drogas</u>, de armas, en secuestros, contrabando, extorsión a comerciantes y empresarios pequeños, además de conseguir a lo largo de sus años de actividad la propiedad legal o ilegal de una cantidad desconocida de suelo agrícola y ganadero, estimada en millones de hectáreas.

Sus homicidios fuera de combate han sido considerados como crímenes de guerra y consignados en informes de ACNUR, HUMAN RIGHTSWATCH, y otras organizaciones civiles.

Masacres y fosas comunes

Las autoridades han hallado fosas comunes donde se encontrarían miles de personas asesinadas por este grupo, incluidos niños.

Descuartizamiento

Informes de prensa han revelado que algunos de los miembros de las AUC entrenaban a sus hombres en el descuartizamiento y desollamiento de personas vivas con el uso de machetes, motosierras y cuchillos. Varios desmovilizados de las AUC han relatado a las autoridades, que, a los campos de entrenamiento algunos jefes paramilitares llevaban a varios campesinos amarrados en camiones para utilizarlos en cursos de instrucción que enseñaban a descuartizar personas vivas.

Las investigaciones reportan, que el descuartizamiento de personas vivas tenía un triple objetivo, desparecer a las víctimas, usarlo como ritual de iniciación para insensibilizar a los combatientes jóvenes y facilitar el cavado de una fosa poco profunda puesto que el cuerpo descuartizado era más fácil de enterrar que el cuerpo entero.

Serpientes venenosas

Otros métodos inusuales revelados por confesiones de antiguos miembros desmovilizados fue el de uso de serpientes venenosas para matar a sus víctimas.

AUTODEFENSAS DE JAPÓN

2015

Escuadra Autodefensa Japonesa

Los buques Kashima, Yamagiri y Shimayuki, que conforman la Escuadra de Entrenamiento de la Fuerza Marítima de Autodefensa[6] del Japón.

---

[6] Uso inusual del término Autodefensas, elnacional.com.do/escuadra-autodefensa-japonesa-arribo-ayer-al-pais/

POLONIA 1992-2007

Autodefensa de la República de Polonia[7] es un partido político, agrario, nacionalista populista fundado el 10 de Enero de 1992. En la actualidad sin registro.

Autodefensas de México

El levantamiento producido en Michoacán el 24 de febrero del 2013, no reúne características similares, a las autodefensas de los países antes mencionados, menos aún con las de Colombia y Guatemala, creadas por el gobierno, entrenadas por militares, con claro objetivo de contra insurgencia y con historia de asesinatos y masacre.

Las autodefensas de México-Michoacán, realmente fueron tal como ellos se auto nombraron un movimiento social armado, organizado por lideres naturales de Tepalcatepect y de cada uno de los municipios implicados, desde que se levantaron, solicitaron ayuda del gobierno federal, la cual fue concedida el 14 de enero de 2014-hasta el 25 de septiembre del 2015.

---

[7] http://www.wikiwand.com/es/
Autodefensa_de_la_Rep%C3%BAblica_de_Polonia

CAPITULO 2

CÁRTEL DE LOS CABALLEROS TEMPLARIOS

CONSIDERACIONES CIENTÍFICAS SOBRE LA CRIMINALIDAD

La Criminalística es una ciencia aplicada, que responde a las preguntas de, ¿quién?;¿por qué?; ¿cuándo? relativas al hecho delictivo.

Hay varias posturas a lo largo del tiempo, las más tradicionales, como la corriente positivista, consideran como objeto de estudio, el delito en el sentido jurídico penal, en este caso la criminalidad se describe, como fenómeno individual. Para el criminólogo positivista cualquier forma de comportamiento delictivo, que no este dentro de la ley, excede su análisis.

Positivismo

El positivismo criminológico, parte del supuesto de que siendo la ley un reflejo de la realidad social, al violarla el hombre adopta una postura anormal, entonces es preciso estudiar los fenómenos que hacen posible este comportamiento anormal: individuales (psicológicos y biológicos), físicos (ambiente), sociales(económicos, culturales, sociales y políticos). Este enfoque obvia, otras manifestaciones delictivas y su relación con el ambiente.

El enfoque clínico, es una rama de la criminología positivista con tendencia médico-psiquiatra, centrada en el individuo, parte de la anormalidad del criminal, tratándolo como enfermo, se interesan por los factores de la persona que viola la ley, para generar un programa de atención en los centros de reclusión.

El enfoque organizacional, otro de los enfoques tradicionales y positivistas, pone atención a la política criminal, propone medidas de cambio a las instituciones y sistemas de control social, por ejemplo, la policía, las leyes, los reclusorios.

Enfoque crítico

Contrario a las corrientes criminológicas de enfoque tradicional, surgen las de enfoque crítico, que también se analizan con el objeto de encontrar razones y explicaciones a la criminalidad del cártel de los templarios.

Partiendo de constructos teóricos contrarios a la criminología tradicional,[1] el enfoque crítico considera que el delito puede ser sociológicamente concebido como normal, además de cómo anormal, que las reales causas del delito, no se limitan a las características individuales del criminal, afirman, que el delincuente en su carácter patológico no se compadece de la sociedad y que las sanciones penales comunes han demostrado su ineficacia para contener la criminalidad, en particular la pena punitiva a la libertad.

RADICAL

La criminología radical, encuentra su desarrollo más controversial en la creación de *Union of Radical criminologists*(URC) por sus siglas en inglés, integrada por alumnos y profesores de la *Escuela de Criminología de la Universidad de Berkeley*, y de la *National Deviancy Conference* (NDC) por sus siglas en inglés, en Inglaterra.

Este enfoque conocido como criminología radical, privilegia su atención a construcciones teóricas relativas a la politología del delito.

INTERACCIONISTA

Por su parte la criminología interaccionista, plantea una nueva hipótesis, esta corriente parte de estudiar las vulnerabilidades, los niveles de estigmatización y estereotipias de los criminales, para afirmar que la sociedad misma selecciona a sus delincuentes. Esta corriente considera, que la delincuencia es el resultado de un proceso de interacción de quien realiza el hecho punible y la sociedad.

CRITICA

En la actualidad, dada la diversidad, complejidad e impacto político, económico y social a la sociedad de los hechos delictivos, se tienen nuevos desafíos para la Ciencia Criminológica crítica del siglo XXI, y nuevas corrientes, tales como:

1. la criminología feminista
2. daños sociales, culturales, económicos, ecológicos y subjetivos
3. vigilancia posterior al accidente y control social
4. delitos de cuello blanco y corporativa

5. la protesta social y el activismo político
6. trata de personas
7. neoliberalismo y el aparato de justicia criminal contemporánea
8. violencia
9. la caída del crimen
10. La prisión
11. temas de actualidad en la criminología crítica
12. nuevas direcciones en la criminología crítica
13. perspectivas sobre la crisis económica mundial
14. el desarrollo de formas de desigualdad, marginación y exclusión.

La diversidad, intensidad, magnitud, frecuencia y duración de las acciones delictivas del Cártel de los Caballero Templarios, superan todo lo estudiado y todo lo real.

CÁRTEL DE LOS CABALLEROS TEMPLARIOS

El verdadero fundador de la Familia Michoacana fue Carlos Rosales (antes cártel del golfo) cuando lo detienen, Nazario Moreno González, alias "el Chayo", "el más loco" o "el Doctor" se plantea romper con la Familia Michoacana, para lo cúal se asocia con La Tuta, Kike Plancarte, el Tio Plancate y a su vez con el Tenaz y el Toro brazo armado del Cártel de Jalisco.

Se reúne con los llamados 12 apóstoles en la Fortaleza de Apatzingán o Campamento 18. En esta reunión, se produce la ruptura de la Familia y la creación de los Caballeros Templarios; se propone una tregua de 24 horas, durante la cual se respetaría la vida de los integrantes de ambos grupos, La Familia Michoacana y los Templarios.

Se conoce que los Consejeros o apóstoles, en aquel entonces eran: El Chayo, Osiel del cártel del golfo, La Tuta, Pablo Zárate, El Tío Plancarte, Samir, Kike Plancarte, el Choky, Lico, Tenaz, Migueladas, Carlos Rosales, todos poderosos, algunos de ellos, sólo eran financiadores.

Al igual que los predecesores de la Familia, los Caballeros Templarios, se presentan como un grupo comprometido en la lucha contra los grandes cárteles criminales de México, los Caballeros templarios Maximizaron:

1. el control económico de todas las ramas de la economía estatal, empresarial y familiar ;
2. vínculos inusitados con el gobierno;
3. laboratorios de drogas sintéticas
4. la construcción de identidad e ideología a través de cursos, entrenamientos y rituales religiosos;
5. la basta red de apoyo social heredada de la familia Michoacana;
6. la nómina de halcones o punteros (informantes);
7. la maximización del regionalismo, al punto, que cuentan que sus líderes afirmaban que convertirían a Michoacán en un país, independiente de México;
8. la exacerbación del secuestro;
9. el desalojo, desplazamiento;
10. el control del puerto Lázaro Cárdenas y con él, la minería, la madera y las sustancias químicas o precursores venidos de Asia.
11. Maximización de ganancias económicas, a cualquier costo, riesgo y muerte.

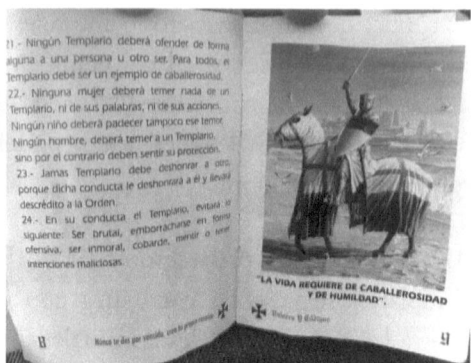

El cártel tomó su nombre de la orden medieval religioso-militar que se encargó de la defensa de los peregrinos en Tierra Santa, cuyos miembros eran conocidos por su piedad y su osadía en el campo de batalla, nada tan alejado de las prácticas templarías en Michoacán.

La elección del nombre es parte de la intención de los líderes de maximizar el control económico del estado y el sometimiento conductual y emocional, a través de la extorsión, el cobro de cuotas, violencia, en especial, los asesinatos de familias, mujeres, niños y elementos del ejército y de la policía federal.

Mientras estaban en la Familia, habían comprobado que la venta de cristal (drogas) en Estados Unidos de América (principal mercado) tenía muchas dificultades para ellos, por el dominio de los cárteles fronterizos y por los Zetas, de quién se declaraban enemigos; la venta de cocaína los enfrentaba con el Cártel de Jalisco Nueva Generación (CJNG), enemigos históricos, de ahí, que visualizaron otros formas de control económico como una forma rápida de crecer.

Las actividades de exfoliación de los Caballeros templarios, también se ven facilitadas por sus vínculos con los funcionarios del gobierno local y estatal, lo cual logran a través de la co-participación en las ganancias, la intimidación, chantaje y soborno.

Los Templarios lograron apropiarse de los presupuestos municipales destinados a la construcción en muchos municipios, en especial de Tierra Caliente y la Costa Michoacana, llegaron incluso, en algunos municipios a solicitar cuotas de la nómina de los trabajadores.

No esta clara la estructura de este Cártel, porque dada su criminalidad, el movimiento entre sus subordinados era constante, la misma muerte era constante, la revisión de varias fuentes, nos permite la siguiente reconstrucción de la estructura, hasta 2015.

EL PATRÓN

1. Don Genaro, radica en Tijuana, cuando venía a Michoacán lo recibía el Chayo o La Tuta, siempre le decían, Patrón.

Mantiene un bajo perfil, anda solo, para no llamar la atención. Le dicen patas cortas.

LOS DOCE APÓSTOLES O LA FAMILIA MAYOR, COMO TAMBIÉN SE NOMBRABAN, SE REÚNE PARA TOMAR DECISIONES SOBRE INVERSIONES, COMPRA DE ARMAS, ALIANZAS, SELECCIÓN DE CANDIDATOS PARA LAS ELECCIONES, PACTOS, NUNCA PACTABAN CON UN PARTIDO, SÓLO CON CANDIDATOS SELECCIONADOS O FAMILIARES DEL CANDIDATO.

2. EL CHAYO (Zona de confort y residencia Apatzingán)

1. NAZARIO MORENO GONZALEZ, también conicido como el "MÁS LOCO", "EL DOCTOR", "EL PROFE", tenía predilección por extraer el corazón de sus víctimas, para esto, era muy hábil enterrándoles el cuchillo por detrás, por la parte del pulmón, sacaba el corazón, lo

mordía y compartía con sus hombres de confianza, con sicarios (les obligaba a morder).

2. El día que fundo los Caballeros Templarios, salió en un caballo blanco, con traje blanco cruz roja, espada a la cintura, simulando un caballero templario de la antigüedad.

3. Instruía a todos en utilizar como castigo fundamental, el hoyo, que consistía en enterrar al elegido, y dejar la cabeza afuera del hoyo, a partir de ahí, podría pasar cualquier cosa, golpearlos, echar comida para que llegaran hormigas, cortarle una oreja, asesinar a miembros de su familia delante, etc., lo no imaginado.

4. Lo más penado era robarle a la Familia Mayor(12 apóstoles)

5. Dio la orden de matar a tantos Policías Federales como se pudieran, por cada uno entregaba 50 mil pesos.

6. Se cuenta que amarro como un perro a un compadre, le ato una cuerda a la garganga, le daba de comer en una vacija y luego lo asesino y lo cocio en un pozole, que brindo a todos sus hombres, informándoles que se trataba de su compadre.

3. *SERVANDO GOMEZ MARTINEZ alias "LA TUTA"* Zona de confort y residencia Arteaga

1. *Controlaba las minas en Arteaga, Tumbiscatío, Aguililla, Huetamo, Aquila y Playitas, cuando se trataba de hierro se exportaba a Asia, por el puerto de Lázaro Cárdenas, cuando era oro el mercado era Italia.*

2. *Subordinado de La Tuta, el Lic. Magaña, llevaba a cabo todo lo relativo a el corte, cuotas, siembra y venta del aguacate, varios Licenciados se encargaban de legalizar propiedades, huertas, de levantar falsas acusaciones, de hacer legal- lo ilegal, y lo lograban.*

3. *El 300 (Samir), le apoyaba en Arteaga y Huetamo.*

4. *Se dice que Ponciano de alrededor de 50 años (abatido por gente del Chayo, fue introducido por La Tuta en el primer círculo de seguridad del Chayo, y que le dio de batazos al CHAYO, hasta casi lapidarle la cabeza.*

5. *La Sierra de Aguililla y el panteón de Zihuatanejo eran lugares estratégicos donde la Tuta se escondía.*

6. *Su mensajero era "el Sargento", el cual se encargaba de entregar personalmente las cartas que escribía La Tuta, no usaba teléfono, ni internet.*

7. *Peleas de gallo y mujeres eran su entretenimiento. Con muchos videos grabados a empresarios, funcionarios, etc. Siempre decía, le tengo un regalito al Presidente*

4. KIKE PLANCARTE (Zona de confort y residencia Nueva Italia)

Controlaba la madera.

1. La gente de Kike Plancarte, eran los más agresivos y son responsables de la mayoría de extorsiones y asesinatos en Uruapan.

2. El Pantera (abatido por integrantes de la Procuraduría, en el marco de la Comisión para la Seguridad y el Desarrollo de Michoacán) llevaba un record en memorias usb, de todos los secuestros, asesinatos a civiles, asesinatos a integrantes de la policía federal y más de Apatzingán y Uruapan.

3. En Uruapan sus jefes de plaza eran: el "Niño", el Ratón, el Gavilán (en la parte de Paracho) y el Toro, verdaderos asesinos a sueldo de Kike Plancarte, que sin razón ultimaban a cualquier persona.

4. En Morelia, sus jefes de plaza eran: Many Parkiao, José luis, la Venada, el Canelo, el Pomo y Martín Cruz Rico

"Chimuelo". Allí se encargaban de la venta de droga (cristal), el cobro de cuotas, el robo de automóviles, etc.

5. Fue abatido en Querétaro, se dice que el Chayo había ordenado asesinarlo, lo hacia responsable de "echarle a perder el territorio".

5. DIONISIO LOYA PLANCARTE "EL TÍO PLANCARTE"

1. Ocupaba un lugar similar a la Tuta, era un secreto a voces, sus prácticas sexuales con niños y niñas, era pedófilo, por esta causa lo alejaron y perdió poder.

6. Coordinadores Regionales

EL CENIZO, El TUCÁN, EL TENA, EL M-5, EL TROYANO, EL METRO, LICO y otros

El CENIZO es en la actualidad, el principal líder de los templarios, sus escoltas (el Daddy, el enano) y alrededor de 15 ó 20 hombres de confianza, siempre lo acompañan, vestidos de civil, con bajo perfil para no llamar la atención. Su rancho en el Olivo no se ve, tiene un portón que impide sea visto. Era considerado Jefe Regional.

Estructura:

1. Jefe de Región,
2. Jefe de Seguridad,
3. Persona de Confianza,
4. Encargados de plaza (ej; encargado de Chilchota, encargado de Periban, etc)
5. Jefe de Sicarios,
6. Jefe de Halcones o Informantes,
7. Distribuidor de Drogas,
8. Jefe de Secuestros y extorsiones

9. Comunicaciones,
10. Encargado de laboratorios de drogas sintéticas,
11. Cobros de cuotas,
12. Abogados, Notarios, Personal de la Presidencia Municipal, policia municipal

No era una estructura lineal, una misma persona podía tener varias funciones en su "plaza" o región.por citar un ejemplo, **La plaza de Uruapan**, que quedo a cargo de el CENIZO, tenía en su estructura, lo antes mencionado y además:

1. 14 Empresarios encargados del lavado de Dinero
2. 4 encargados de pagar la nómina
3. 16 Sicarios
4. Más de 9 Jefes de Plaza
5. Cuatro jefes de Halcones o informantes
6. Dos Comandantes de la policia

En cada Región el Cártel tenía una estructura similar, mayor o menor, en dependencia de los objetivos económicos de la Región, una región más rica, tenía más encargados y más halcones.

La estructura de los Caballeros Templarios les permitía, en el ámbito económico, SER AGENTES MAXIMIZADORES[8], de sus ganancias e incrementar su poder económico, se caracterizaron por:

1. *La racionalidad, planeación de sus acciones económicas.*
2. *Tener armas potentes y saber manejarlas*
3. *la red de apoyo (encargados, punteros, empresarios, policías, funcionarios, etc.)*
4. *Entrenamiento, ideología para el control de emociones*

[8] Gary Becker, Premio Nobel de Economía, "Crime and Punishment: an Economic Approach" 1968

5. *El Control económico*
6. *Producción y distribución de drogas sintéticas*
7. *Control social (asesinatos, extorciones, cobro de cuota, vigilancia)*
8. *Irracional relación con la vida y la muerte*

ENEMIGOS DE SERVANDO GOMÉZ "LA TUTA"

Después de la muerte del Chayo; la Tuta quedo como el principal cabecilla del cártel de los templarios y junto a eso se incrementaron sus enemigos

Seguidores del "Chayo" Nazario Moreno Gonzalez, afirman que la Tuta había pactado con el Cártel de Jalisco Nueva Generación, este pacto implicaba, seder la mitad de Michoacán. Para eso planeaba el asesinato de Nazario, infiltrando entre el principal círculo de seguridad del Chayo a su compadre Ponciano; quien finalmente es quien lo golpea de muerte junto con otros de sus escoltas.

Ponciano y el principal círculo de seguridad del Chayo casi lo matan golpeándolo y mal hiriéndolo, más dándole tiempo de mandar un mensaje escribiendo que lo que le pasara era responsabilidad de "Ponciano". Casi muerto lo suben a un burro y lo mandan en dirección de la Marina. Al responsabilizar a Ponciano, apuntó directamente a la Tuta.

Luego, una parte de los Caballeros Templarios, los seguidores del Chayo, consideran que La tuta, los traicionó.

A propósito de esta idea sobre traición, en carta[9] de la tuta con fecha 14 de septiembre del 2014, de su propio puño y letra, afirmara, que la

---

[9] Foto aportada por la Unidad de Inteligencia de la Secretaria de Seguridad de Michoacán 2015.

gente del "loco" Nazario, (gallito, rigo, la gorda, eran sus principales
enemigos).

ESTE FRAGMENTO DE LA CARTA DE LA TUTA, ES DE
TRASCENDENTAL IMPORTANCIA,

EL ESCRIBE: "DE LOS AUTODEFENSAS ME ENCARGARÉ
PERSONALMENTE", INSTRUYE QUE LOS DENUNCIEN,
PARA QUE LES PONGAN ÓRDENES DE APREHENSIÓN,

JUSTAMENTE, ESTA PRÁCTICA TEMPLARIA, DE
MANDAR A PONER ÓRDENES DE APREHENSIÓN,
SE HA CONVERTIDO EN ALGO COMÚN POR PARTE
DE FAMILIARES DE TEMPLARIOS, DAÑANDO LA
IMAGEN Y LA TRANQUILIDAD DE CASI TODOS LOS
COMANDANTES AUTODEFENSAS, TODOS CON MÁS
DE TRES Y CUATRO ORDENES DE APREHENSIÓN.

POR SOLO CITAR ALGUNOS EJEMPLOS DE ÓRDENES
DE APREHENSIÓN INJUSTAS

EL COMANDANTE DE TEPALCATEPEC, DOS ÓRDENES DE APREHENSIÓN

EL COMANDANTE DE COAHUAYANA TIENE 2 ÓRDENES DE APREHENSIÓN

EL COMANDANTE DE LOS REYES, TIENE 3 ÓRDENES DE APREHENSIÓN,

Y ASÍ SUCESIVAMENTE, PARADÓJICAMENTE, SE MANTINEN POR LA INERCIA INSTITUCIONAL

OTRO TEMA, EL DE LOS MINISTERIOS PÚBLICOS, NOTARIOS Y PRESIDENTES MUNICIPALES COLUDIDOS ES UN GRAN TEMA, QUE ESTA ACABANDO CON EL TEJIDO SOCIAL, CON LA CREDIBILIDAD DE LAS INSTITUCIONES Y CON LA TOLERANCIA DE LOS CIUDADANOS. IMPONE MEDIDAS URGENTES.

LUJOS Y MÁS LUJOS

Contrario a sus decretos luchar contra el materialismo, la injusticia y la tiranía en el mundo, así como contra el desmoronamiento de los *"valores morales y los elementos destructivos que prevalecen hoy en la sociedad"*, pues la suya, aseguran, es también una batalla ideológica". Las propiedades, los coches, los caballos, las joyas, las fiestas y las armas de los templarios superaban en lujos y excesos cualquier imaginario.

Los Caballos[10] de Kike Plancarte, por ejemplo, eran famosos y con ellos desfilaba con toda su familia en Nueva Italia, regalaban juguetes, dinero, etc.

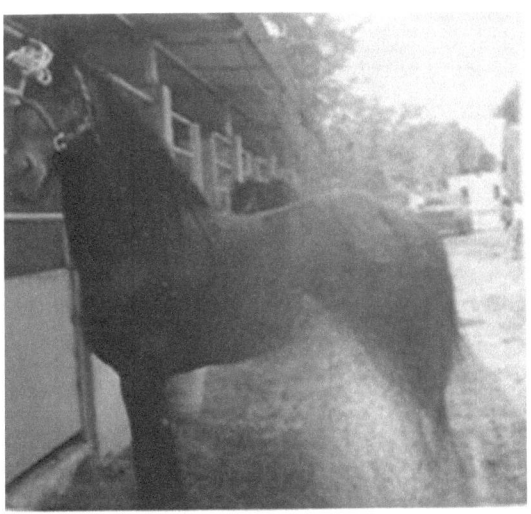

Geografía

Durante muchos años, la ubicación geográfica de los capos Templarios fue uno de sus factores protectores.

Brechas, cuevas, zonas rurales y montañosas inaccesibles y desconocidas. ¿cómo encontrarlos?

Hay mucho que escribir sobre este sanguinario Cártel, sin embargo, que sentía la gente en esos pueblos, como sobrevivían al cártel, que los inmovilizaba y cuál era su relación con la muerte, pues, este cártel ubicaba a la muerte en todos lados, incluso muchos Templarios se tatuaban imágenes de la Santa Muerte y la adoraban.

---

[10] Foto aportada por la Unidad de Inteligencia de la Secretaria de Seguridad de Michoacán 2015.

PERCEPCIONES E IMAGINARIO SOCIAL E INDIVIDUAL de 371 michoacanos entrevistados.

¿QUÉ SENTÍAN? ¿CÓMO VIVÍAN?

Es poco frecuente encontrar narraciones reales, de personas que en ese momento histórico tengan la vivencia de haber sobrevivido a al cártel, pero la búsqueda de los contenidos del Imaginario social, son fundantes, para comprender emociones como el miedo, el desespero, la angustia de estas poblaciones. A continuación los testimonios de 371 pobladores de Tierra Caliente y la costa Michoacana ante las actividades criminales de los Caballeros Templarios:

1. *Que veas como se llevan a la hija de tu vecino de 12 ó 14 años y la devuelvan a los 15 días muerta/ violada; viva/violada, viva/violada y golpeada, viva/violada y embarazada, casi muerta/violada/ embarazada.*

2. *que en nombre de la empresa te pidan a tu hija de 13 años y la entregues, rezando por que te la devuelvan viva.*

3. *que huyas, emigres te vas del otro lado (EUA), abandones tu casita, tus raíces, todo, por temor y miedo a que te arrebaten la vida de tu familia.*

4. *que te estén torturando, golpeando, enterrándote espinas, incluso que maten a tu amigo o primo delante de ti; y no sientas dolor y pena, solo tienes en la mente a tus hijos de 2 y 4 años pensando que se van a quedar solos, absolutamente solos con 2 y 4 años, le ruegas a Dios que no pase.*

5. *que por la calle veas a la Sra. Juana de 50 años, tu vecina de toda la vida, con su hijo de 18 años, que integrantes del cártel de los Caballeros Templarios, armados con cuernos de chivo, la avienten al piso y le peguen recio con tablas al hijo y no puedas hacer nada por el miedo a que te maten, para luego enterarte, que el motivo de esta putiza, era que este*

joven consumía cocaína, y la cocaína era del cártel enemigo (CJNG), al golpearlo le gritaban, solo se puede consumir Cristal(droga química), ¡sólo se puede consumir cristal en Michoacán¡

6. *Que los policías municipales detengan a ciudadanos y ellos mismos se los entreguen a los templarios, que los policias municipales, sean parte de la plantilla de los Caballeros templarios*

7. *que los policías municipales, cuyo deber es proteger a la población civil, usen las patrullas del municipio, para levantar y llevar pobladores a los jefes de plaza del cártel.*

8. *que los camiones cargados de madera y fierro ilegal, transiten libremente hacia el puerto de Lázaro Cárdenas con total desapegó de la ley.*

9. *que los templarios decidan el precio de la carne, del queso, la sandía, la papaya, que decidan que día se corta o no se corta el limón y a quien se le vende y en cuanto se le vende, etc.*

10. *que los templarios en Zamora vayan a tu negocio y te rompan las cámaras de seguridad y te digan "soy yo quien te rompe las cámaras de seguridad" "no las vuelvas a instalar".*

11. *como abogado, presentarme en la unidad de policía de Zamora e interceder por un familiar levantado (secuestrado) por los templarios y llevado ahí, a la unidad. Justamente coincidir, en esta unidad de "seguridad pública", con uno de los jefes de plaza; al preguntar por el familiar secuestrado, rápido y furioso, el Templario le dice jefe de turno de la policía municipal: dígale a este licenciado quien manda y decide aquí, y responde en jefe de turno de la policía municipal usted manda y usted decide aquí".*

12. *que siendo un Empresario de años de trabajo, varias veces te visiten en tu empresa, para decirte que su "jefe"(lugarteniente del cártel templario) te quiere ver, para poner una gasolinera a su nombre y tengas que decir lo siguiente:*

"no puedo decirte que no, pero fíjate, yo estoy enfermo del corazón y sí me muero no quiero que ataquen a mi familia" ...el templario le pregunta, puedes demostrar la enfermedad?,...le dices que sí... y explicar todo un tema de la aorta. (así salvar la vida al repetir la historia de otro empresario de Uruapan).

13. *No puedes llorar a tus muertos, ponerles flores, celebrarle misa ponerles una simple cruz, ellos desaparecen a todos y nunca más sabes de ellos. Te quedas toda la vida, esperando, llegará... tampoco puedes celebrarlos en el día de muertos, ponerles su comidita, nada, no sabes si están vivos o muertos, o te duele aceptar que puedan estar en una fosa o más...*

14. *familias enteras expulsadas del pueblo por los templarios, irse a Estados Unidos de América, como ilegales, como mojados y perderlo todo, empezar en cero.*

15. En Uruapan, escuchabas con terror sobre la pérdida y destazajo de niños y adultos para el tráfico de órganos, de los cual se responsabilizaba en la voz comunitaria a la Burra Plancarte, con posibles médicos de jalisco.

16. *que los templarios decidan, que de cada kilo de la zarzamora, debes pagar 3 ó 4 pesos de cuota para ellos.*

17. *que en nombre de la "empresa "te pidan 200,000 ó 300,000, o la cantidad que sea y que la tengas que juntar con tal de que no maten a tu familia.*

18. *Que te secuestren y punto ...que tengas miedo todo el tiempo de que te secuestren.*

19. *que en nombre de la "empresa" te cobren 700 pesos quincenales por un puestecito en el mercado; 1,500 pesos por local cada 15 días, o 150 pesos por cada maquinita traga monedas. A las maquinitas tragamonedas, a los camiones, a todos los que pagan cuotas, les ponían una calcomanía de libélula o mariposa como de su propiedad. Si no pagas, te quitan la maquinita.*

20. *que lleguen al puesto de discos bien armados, te cacheteen y te quiten los discos que quieran, según para la empresa.*

21. que escuches rumores sobre una tal Burra Plancarte, quién renta casas para el trabajo relativo a destazajo de niños y chavas para ventas de órganos y secuestros, que estas cosas dicen que pasan en Uruapan en la Colonia Zona 7 y en la Colonia los Zapatos, que eran mansiones de 5 y 6 recamaras. Que los Doctores que apoyan son de Jalisco, por que el recibe el apoyo del cártel de Jalisco CNG y de los Z.

22. Que las chavas que secuestran, si no reciben dinero de rescate, las envían al Distrito Federal, para que sirvan como prostitutas.

23. *que lleguen a tu propia casa y te balaceen por no pagar cuota.*

24. *que jóvenes de secundaria, preparatoria tienen que dejar la escuela por que se quedaron huérfanos, de la noche a la mañana.*

25. *te detienen en la calle, te piden identificación, te bajan de tu troka (camioneta), te quitan los papeles de la troka y se la llevan, y ya, no puedes hacer nada.*

26. *entre las 7:00 y 8;00 de la noche la gente ya estaba encerrada en su casa con miedo, los parques y las ciudades vacias.*

27. *Que te golpeen tanto, que solo anheles la muerte, cuando ya crees que no puedes más, tu mismo, intentas ahorcarte con el alambre de púas con el que te tienen amarrado, y de pronto casi en ese momento final de la vida, veas pasar la imagen de tu hijita, tu única hijita, que te grita ¡¡¡papiiiii ¡¡¡¡sueltas el alambre y vuelves a aguantar los golpes, patadas, espinas, culetazos, hasta donde quieran llegar, solo rogando a la Guadalupe, fuerzas.*

En este escenario, en estas circunstancias, con estas realidades increíbles pero ciertas, salidos de sus propias cenizas, como el ave-fenix, los Michoacanos decidieron salir a luchar, optaron por la alternativa de "levantarse en armas", o "tope con lo que tope", "vamos topando", que es la forma que tienen para decir: que ni la muerte los detiene. A partir del ejemplo de "Tepalcatepec", en cada municipio líderes y pueblo dieron una inigualable lección de valor. Dispuestos a todo, dispuestos a morir, pero sacar a los templarios de sus tierras, de sus familias y de sus vidas.

CAPITULO 3

TEPALCATEPEC

EL MOVIMIENTO SOCIAL INICIO EN TEPALCATEPEC EL 24 DE FEBRERO DEL 2013.

El corazón del movimiento de policías comunitarias/autodefensas fue Tepalcatepec[11], sobre la asociación de ganaderos recae el hecho histórico de levantarse en armas para enfrentar a los templarios, los principales líderes fueron: el Abuelo, Tilin, el Quiroz, Toño y Martín, Rojo, Balde, el Cuate, Chaba, Many, Rayas, Bartolo, Agustin, Miguel, el 5, el teclas, el junior, chava, chavo, timbirique, pantaleto, joz, cachy, flaco, papo, el gordo, baldo, meño, el charro, chuy motos, moreno y Roberto.

El movimiento social de autodefensas de Tepalcatepec fue un legítimo movimiento de hombres y mujeres rurales, que ya no estaban dispuestos a entregar su ganado, su trabajo, sus propiedades, sus hijas y hasta sus propias vidas al cártel de los caballeros templarios.

---

[11] Tepalcatepec, municipio de Tierra Caliente Michoacán, también conocido como Tepeque

Tepeque, en un momento histórico, sin casi armas, solo a corazón abierto, envio un mensaje fuerte y claro a los criminales, "QUE TOPE CON LO QUE TOPE"…

"No pueden subestimar a los Michoacanos, someterlos, humillarlos, masacrarlos, cobrarles cuotas, violar a sus mujeres y creer que todo seguiría igual" "ESO NUNCA MÁS VA A PASAR"

Con la consigna "tatuada" de tope donde tope, esa noche de Septiembre del 2012, secretamente, empezaron a organizarse, eran apenas unos 4, que fueron creciendo poco a poco y en silencio, desenterraron de la tierra de sus jardines y pozos, viejos rifles, enterrados desde 2007, los limpiaron, engrasaron y empezaron a reunirse, cada día, cada noche, ya no habría vuelta atrás. A partir de aquí lo único que tenia sentido, lo único que tenia valor era sacar a los Templarios, la frase que tope con lo que tope, levantaba corazones, enchinaba la piel, calentaba la sangre. Como los versos de bonifacio Byrne…

Si desecha en menudos pedazos
Llega a ser mi Bandera algún día
Nuestros muertos alzando los brazos
La sabrán defender todavía

En Michoacán, a principios del año 2013, aquellos que decidieron tomar las armas con el fin de defender sus hijas, sus familias, su dignidad y su patrimonio, cambiaron la historia actual de México, incluso crearon las condiciones para redefinir el concepto de Autodefensas.

A partir del ejemplo de Tepalcatepec, Michoacanos de Tierra Caliente, de la Costa y de la Meseta Purépecha, se unieron, y construyeron una nueva página de la historia de MICHOACÁN, demostrando que a pesar de la impunidad, del narco gobierno

local y de todo el poder económico de los templarios, un pueblo
enérgico es capaz de todo por su gente, sus familias y sus hijos.

Las condiciones objetivas para el estallido social eran visibles,
dado que los Michoacanos vivian en condiciones de exacerbada
vulnerabilidad, criminalidad maximizada, gobierno ausente,
violaciones a las jóvenes y adolescentes por los templarios, algunas
embarazadas, así no más, y para colmo, el cobro exagerado de
cuotas.

Recuerda el Comandante Tilin, al frente de los Autodefensas...
*que las mismas injusticias, afectaban a todos, como ganadero tenías
que pagar 1.50 ó 2 pesos, por kilo de ganado vendido, este dinero
lo cobraba el jefe de Plaza que era Tony el hermano de Chilorio,
lo tremendo de esto, es que es un vecino de toda la vida de aquí del
pueblo, ahora vive escondido en Guanajuato, pero sus hermanas,
hasta el mismo Chilorio, aquí siguen viviendo, nadie los molesta.*

*Un ganadero que vendía una vaca de 500 kilos, debia pagar a los
templarios 2000 pesos, por una panzona (trailer de ganado, con 50
ó 54 cabezas) debias pagarle 25 mil pesos. El maíz, el sorgo (pastura
para el ganado) era obligado venderlo a los Templarios, al precio
que ellos decían o fiado, también te daban las semillas. Yo tenia
mucho coraje, hasta coraje viejo, a mi hijo Ricardo Cisneros Sandoval,
lo mataron en 2007, nunca supe porque, aquí en Tepeque nos ha
tocado duro, le he sufrido mucho. En 2005, estaban los Zetas, luego
la Familia y el Cártel de los Valencias, Armando Valencia, el lobo
Valencia. El mismo pueblo los saco de aquí a los Valencia o Cártel de
Jalisco y a la Familia.*

"Confirma también el abuelo ... *Nos ha tocado duro en Tepeque,
en el 2006 estaban unidos la Familia y los Zetas, ese tiempo fue muy
duro, del puente para allá dominaban todo, era frecuente que tiraran
cádaveres de gente inocente, con cárteles que decían, "esto le va a pasar*

a todos los que no cooperen con la familia", para esto en Tepeque todo el pueblo se unio y los sacamos de aquí, en el 2007, eso genero muchos enemigos, tanto de la familia como de los Zetas, enviaban continuas amenazas, para esto, también sacamos al cártel de los Valencias en el 2009, en esa fecha, yo creo que le pagaron a un militar, porque el me puso un kilo de droga y una pistola, me detuvieron y estuve preso 2 años y 10 meses. Además de las cuotas, los templarios llegaron al punto de no respetar a ninguna mujer, fuera casada o soltera, de hecho los hombres vivian asustados, los templarios le daban a los punteros un teléfono, ellos le decian CBTA, a cualquier mujer que le gustara, luego le pedian a los punteros, ve a tal lugar.. dale a esta chava mi número y dile que me hable, ellos las obligaban, aquí embarazaron a 20 muchachitas, violadas eran muchas más. Aquí en Tepeque a Juan, le quitaron a su esposa que era muy guapa, luego le quitaron sus propiedades, casa, tractor, parcela, le secuestraron a su hermano, le quitaron el dinero y los expulsaron de Tepeque a todos. Asi de grande era la cosa. No se podia esperar más, tocaba toparles".

Las condiciones subjetivas, esas condiciones que hacen que la voluntad se eleve y el miedo desaparezca, ese momento mágico en el que hombres comunes se convierten en héroes y cambian la historia, ese momento del despertar de la conciencia y el valor, estaban dadas, el hartazgo social, cuotas, violaciones y una serie de asesinatos desgarradores, como se describen en los siguientes testimonios, desbordaron todos los límites:

TESTIMONIO 1 Autodefensa del Municipio de Buenavista (Tierra Caliente)

Testimonio de Salvador Esquivel Lucatero, hermano del Diputado del PRD. Dr. Osvaldo Esquivel Lucatero q. e. p. d

"Yo entre al movimiento de Comunitarios Michoacán, para vengar el asesinato de mi hermano, asesinado el 11 de Septiembre del 2013,

estuve en el grupo de Buenavista y luego en el Grupo Especial G250, al mando del Americano.

Mi hermano era Diputado Local del PRD, Distrito 21, con cabecera con Coalcomán.

Era el Dr Osvaldo Equivel Lucatero, de 47 años, faltaban horas para su cumpleaños el día 12 de Septiembre, cuando lo mataron. Los templarios lo mataron el 11 de Septiembre y el cumplia el 12 de Septiembre 48 años. En lugar de fiesta, tuvimos velorio.

Mi hermano era médico y ejerció 8 años en una clínica de Apatzingán, antes de que, el mismo pueblo lo convenciera de entrar a la política. Era un hombre guapo, carismático, sonriente, amiguero, tenia 4 hijos que le sobreviven, 5 hermanos, su mama y su esposa.

Como hermano era una chulada, nos quería mucho, todos nosotros estudiamos pero el único que terminó su carrera de médico fue él. En su consultorio en Apatzingán atendía a todos pobres, con dinero, sin dinero y así fue creciendo su fama como médico y persona.

Cuando por fin decidió ir por la Presidencia municipal de Buenavista, rompió record de votos, fue algo increíble, gano limpio y con una felicidad tremenda para la gente, la gente era su debilidad.

Como Presidente Municipal de Buenavista,2007-2011, hizo obras claves como:

1. *Unidad Deportiva o Deportivo Fenix.*
2. *El hospital de Buenavista*
3. *Pequeñas clínicas en los pueblitos para atender la salud*
4. *Carreteras y caminos, como la carretera del crucero de la Ruana y la tenencia Felipe Carrillo Puerto.*

*Pero lo que más lo distinguía era su afán de becar a los jóvenes y los adolescentes para que estudiaran, estaba obsesionado con la idea de que en Tierra caliente, todos sus amigos todos estudiaran y se hicieran profesionales, **sus amigos**, porque así les decía a todos, todos eran sus amigos, de ahí que por todos lados lo paraban para saludarle; los jóvenes que ya recibían su apoyo para estudiar, sus padre, vecinos, siempre me indicaba (yo era su chofer), para, para...deja saludar a mis amigos ...se bajaba, los saludaba y les decía "échenle gana al estudio".*

Era como un padre para muchos jóvenes, que vivían con sus madres, o que sus papas eran indocumentados en EUA. A veces pienso, que como quedamos huérfanos chiquitos, el se le quedo ese trauma, no sé, a mi papá lo mato un policía, hace 45 años, estábamos muy chiquitos, el tenía una cantina en la Ruana y era muy enamorado, estaba leyendo el periódico en su cantina, no más llego el policía y le dio dos disparos en la cabeza. Nunca supimos por que, pensamos que era por enamorao.

Cuando se levantaron los comunitarios, todos de su distrito, Tepalcatepec, la Ruana, Coalcomán, inmediatamente los Templarios lo mandaron a llamar y le prohibieron cualquier ayuda a los Comunitarios (Autodefensas).

Sin embargo, mi hermano el Dr. Osvaldo Esquivel Lucatero, les enviaba camiones de comida y otras ayuda porque el tampoco estaba de acuerdo con los Templarios. Todo lo hacia muy por debajo porque el miedo imperaba en todo Michoacán. Con su gente de confianza también enviaba lo que podía.

El mayor miedo provenía de los políticos, mi hermano afirmaba que Jesús Reyna (ex secretario de gobernación) le haría algo.

El único Diputado que decía y alertaba sobre lo que pasaba en Michoacán era mi hermano y también le apoyaba la diputada Selene Vázquez Alatorre los demás siempre callados y apoyando a Jesús Reyna.

Estaba presente, cuando lo mataron, **es más me agarraron, para que yo viera**... *mi hermano pensó que esos jóvenes querían saludarle, como tantos jóvenes que le saludaban porque les apoyaba con becas y los animaba a estudiar, cuando de pronto, le entraron a machetazos, fue tan brutal, tan doloroso, el primer machetazo fue en la cabeza y gracias a dios que casi perdió el conocimiento y después más y más machetazos, al mismo tiempo, me decían, ve mira lo que le pasa por ayudar a los comunitarios... no he podido olvidar ..aún en las noches.. me llega su mirada, su ojos ...ese momento tan duro en que le arrancaron la vida"...*

TESTIMONIO 2 Autodefensa DE LA LOCALIDAD de RANCHO LUNA (Tierra Caliente)

Testimonio de Leonardo Miranda López, de 54 años de edad oriundo de Rancho Nuevo frontera con Jalisco y Tepalcatepec. Yo inicie la lucha como autodefensas en un grupo de Rancho Nuevo, ya no aguantabamos las extorsiones.

Nosotros nos manteníamos del melón. En el 2012 la cosecha se perdió completa porque los templarios no dejaron pasar a los compradores de melón, asi de fácil, lo decidieron y ya. En 2012, casi morimos de hambre. Luego en Rancho Nuevo, las lomas, tazumbos y el limoncitos habían cuatro camionetas de los templarios que dominaban la zona, impidiendonos mover o transitar a cualquier lugar, había que decirles a donde ibas y hasta te seguián.

Los templarios mataron a dos de mis hijos

El 19 de febrero del 2013 emboscaron a mi hijo Eduardo, iba camino a Tancitaro, cuando lo balearon y asesinaron, para este entonces, organizaba a 10 autodefensas para levantarse con Tepeque y la Ruana-

Otros de mis hijos Ernesto Miranda García lo mataron en los Reyes el iba a tomar con Ponchito la Presidencia Municipal, pacíficamente y sin armas, pero los templarios los estaban esperando y les dispararon a todos, cayeron 5, mi hijo entre estos. Yo tenia mucho coraje, no tuve dudas, era precsio levantarme en armas, por ellos y por mi pueblo. Como no teníamos armas, para comprarlas reunimos las vacas, los caballos, chivos, todo los animales que teníamos los vendimos y compramos puras escopetas de caza con eso empezamos.

lo único que pienso es que no vuelvan, que no regresen.

En rancho nuevo lo que nos hace falta es volver a sembrar melones necesitamos que alguien venga a traernos las semillas de melón híbrido y luego que nos compren. Este melón se siembra en diciembre, enero y febrero.

Antes de levantarse, los organizadores del movimiento en Tepalcatepec enviaron varias veces información a la 43 zona militar, el 51 batallón, sobre como operaban los templarios, donde estaban, que hacían, el ejército tuvo siempre una respuesta muy buena, refieren, llegaban a Tepeque, pero el sistema de punteros, era realmente efectivo. Los templarios sabían que el ejército estaba apoyando en Tepeque, por eso, el 6 y 10 de Diciembre del 2012, asesinaron a varios militares, emboscándolos en plaza vieja y a la salida del municipio de Tepeque. Los templarios llegaron a tener tanto poder económico y armamentos que desafiaron y rebasaron al estado y todas sus instituciones.

Llega el día 24 de febrero de 2013, ese día era domingo, día familiar, día de reunión en la asociación ganadera local, ese día cambiaría de autoridades administrativas y los caballeros templarios se apoderarían de la administración para tener el control total de la producción pecuaria de la región, el Jefe de Plaza iba a imponer un nuevo presidente de la ganadera, designado por los templarios.

Los ganaderos estaban muy dolidos por las cuotas, el 24 de Febrero del 2013 coincidía con la Junta Ganadera que se celebraba el tercer domingo de febrero, por eso se decide ese día y en ese momento.

Ya en la reunión, el Comandante Tilin estaba adentro, con los amigos ganaderos, las armas en sus coches. Llegaron los 14 que darían la voz, que sabían todo, entre estos 14, Pantaleto, Bartolo, Timbiriche, Agustin, el abuelo y familiares, el Cuate y dos unidades militares de apoyo., llegan las camisetas, toma el micrófono Valde y les habla

…"que no era posible que siendo ellos tan pocos y nosotros tantos no pudiéramos hacer algo, todos los presentes respondieron era como si todos hubieran dicho *"ya es hora, se hizo tarde, que tope con lo que tope"*, empezó la acción.

Se pusieron las camisetas blancas que decian por un Tepalcatepec Libre[12], para las 12 de la noche ya habían como 300 gentes armadas.

Ticha y Jaime les avisan a la gente que no tengan miedo..les dicen "Pedimos el apoyo de todos, no vamos contra el Gobierno, vamos contra el abuso de los templarios, de inmediato empezo a susmarse el pueblo".

[12] Ver las imágenes en los anexos del capitulo

En el justo momento que se levantan entre 1 y 1.30pm, Hipólito llama al Abuelo, para decirle que estaba reunido con la gente de la Ruana, de inmediato Hipolito grito a la gente de la Ruana "ya se levanto TEPEQUE," vamos La Ruana... se escuchaban los gritos de alegría.

Los comunitarios desarmaron a los templarios que estaban en la reunión y al jefe de plaza, para luego entregarlos a los militares. Luego en sus propias camionetas salieron por todo el pueblo a detener templarios, unos pocos alcanzaron escapar, dejando atrás todo sus casas, coches y armas.

Juanita, tenía la instrucción del Consejo de apoyar con su voz y su palabra, no requería armas. Acude a la radio comunitaria para avisar lo que estaba sucediendo, les habla... **"ciudadanos de los municipios ha llegado el momento de liberarnos de los caballeros templarios y de todo aquel que comulgue con ellos, salgan los que tengan un arma para apoyar, los niños, mujeres y ancianos manténganse a resguardo de sus casas, ha llegado el momento y todo será diferente".**

Primero el pueblo quedo en silencio, solo se escuchaba el ruido a lo lejos de las camionetas que iban y venían buscando a los delincuentes, punteros halcones, encargados de piso, la población salió como se esperaba, todos estaban cansados de tanto dolor.

Empiezan a organizarse para cubrir las entradas del pueblo, la entrada a Coalcomán, la entrada a Apatzingán, detienen a 28 punteros[13] los encierran en una bodega para obtener información, al mismo tiempo les quitan los radios, se quedan sin comunicación, los Templarios aún no sabian lo que pasaba.

---

[13] Punteros, halcones, chicleros, términos que significa que son informantes pagados por los templarios.

En el levantamiento armado de Tepalcatepec fue decisiva la ayuda el ejército, un comando de la zona 43 de Apatzingán, estuvo en todo momento con los comunitarios.

En la noche del 24 de Febrero del 2013, otro aire se respiraba en Tepeque, otros colores, la mirada aún sorprendida de tantos, lo real maravillo era que habían sacado los templarios de Tepalcatepec, ahora, debían esperar la respuesta de ellos.

Por todos lados los comunitarios con la cara cubierta con paños de color blanco y sus camisetas de policía comunitaria, continuaban persiguiendo a los templarios, muchos estaban en algunas localidades cercanas resguardándose de lo que pasaba, la verdad, les tomo de sorpresa, no sabían que hacer, disparaban a lo loco abandonaban los carros, las armas y subían al cerro.

Mientras en el pueblo, la gente había salido, con la moral alta y muestras de solidaridad y apoyo. Alimentos preparados, enlatados, agua, hielo, leche, queso, café y pan.

El mismo 24 de Febrero, celebraron la primera reunión general, se conocieron todos los que habían estado involucrados en el levantamiento contra los templarios, no se conocian, se reorganizaron nuevamente.

El siguiente día, el 25 de febrero un militar del ejército, de la 51 zona militar, le avisa al Abuelo, que los templarios estaban cerca, "le dice pongase listo que van para allá", a estos militares los templarios los atacan hieren a 4, de inmediato Tepeque avanzan a apoyarlos, empieza un combate cruento, hasta que llega mas apoyo militar y los templarios se repliegan.

De conjunto con los militares del Ejército Méxicano, se inicia la limpia de Templarios en Tepeque, no quedo un rincón sin ser revisado. Los militares les decian que nunca salieran de Tepeque sin autorización, y así lo cumplieron.

En marzo del 2013, con el apoyo del ejército y a pesar de tener pocas armas limpiaron todo el municipio, lo blindaron con barricadas en las 5 entradas principales y grupos de autodefensas armados.

En Tepalcatepec se preparaba alimentos desde las 6 de la mañana hasta las 11 de la noche, se daba de comer a 600 personas en turnos cada tres horas, todo alcanzaba y era bien distribuido.

Empezaron a realizar reuniones de evaluación, para planear los siguientes pasos, en especial se preparaban para un embate de los Templarios, nunca más, han dormido con los dos "ojos cerrados".

Dentro de las acciones que realizaban:

1. Patrullar todo el tiempo, en especial al caer la noche
2. Cuidar las entradas, saber quien entra y quién sale
3. Retiraron a la prensa local, que era pagada por templarios y informaban a la prensa foránea
4. Realizaban reuniones masivas donde se le pedía al Gobierno Federal apoyo.
5. Enviaron al Vaticano peticiones de apoyo y evidencias del movimiento

Trascendental importancia tiene el Consejo de Autodefensas de Tepalcatepec todas las decisiones se analizaban y toman allí, líderes de otros municipios llegaban a solicitar apoyo para limpiar de Templarios a sus municipios, en ese marco, se analizaba y decidía si se podía dar el apoyo, como y cuando.

A finales de marzo, llega al municipio el Sr.Francisco (alias el bigote), llego con una hermana y un sobrino a pedir apoyo para levantarse en Coalcomán, este Sr. ya había peleado contra los Zetas. El Consejo le pregunta que quién le apoyaba y el dijo que el Presidente Municipal actual Misael y el anterior, el Consejo le sugirió buscar gente del pueblo que les apoyara, pero insistió que querían el apoyo del ejército y de los comunitarios de Tepeque.

Finales de Marzo, principios de Abril, llega de México directo al municipio, el teniente Coronel Guez, fue bien recibido, porque el apoyo del ejército contra los templarios siempre estuvo, posteriormente se dieron las condiciones para ir a apoyar a Coalcomán, las Autodefensas de Tepeque avanzaron al lindero de Pinalopa, cual no fue la sorpresa, cuando el Teniente Coronel Guez, dice, si dan un paso a Coalcomán los voy a "chingar", tuvieron que regresar. Este teniente se conviertió en un verdadero problema para el movimiento tanto en Tepeque como en la Ruana. Finalmente hicieron una marcha y lo sacaron del pueblo, en represalia entrego información a México, no coherente, dijo que los comunitarios eran drogadictos, cocineros de drogas del cártel de Jalisco y más.

Posteriormente, el Gobierno estatal, envió un representante para negociar la suspensión del movimiento, no se lograron acuerdos. El Gobierno estatal fingía desconocer el imperio del crimen de los Templarios.

Alguno medios de comunicación, empezaron a desmoralizar el movimiento, afirmaban que eran templarios y aliados al cártel de Jalisco. Nada tan lejos de la verdad. El movimiento de autodefensas estaba conformado por hombres y mujeres atravesados por el dolor de las muertes, asesinatos, desapariciones de familiares y amigos. Pero algunos medios resultaron ser instituciones sumidas en la inercia y la ineficacia, pagadas por el narco gobierno y los templarios, no pudieron darse cuenta del dolor de Michoacán.

FINANCIAMIENTO DEL MOVIMIENTO AUTODEFENSA

Los primeros que aportaron al movimiento fueron Empresarios Ganaderos de Tepalcatepec, plataneros, dueños de restaurantes, taquerías, queseras, gente del pueblo que cooperaban con sus propios recursos o entregaron las armas que tenían en sus casas, compartían alimento elaborados, dinero, desde cincuenta, veinte, mil pesos lo que podían. Los comerciantes apoyaban con comida, el que vendía agua, apoyaba con agua, el de los abarrotes con productos enlatado, el ganadero con una vaca para destazarla, las gasolineras con gasolinas y así sucesivamente. De pronto la Solidaridad imperaba.

Las mayorías de las armas de alto poder fueron recogidas de las que dejaron los templarios cuando huían, otras que se compraron en el mercado negro. Los templarios eran cobardes, huían, escapaban, se escondían; abandonaban sus camionetas, sus armas, sus casas, municiones, todo lo cual, utilizaba el movimiento.

También recibieron apoyo de pueblerinos con materiales de construcción para los módulos de vigilancia. Familiares, amigos y simpatizantes, enviaban dinero de diferentes partes del mundo, la Solidaridad y el apoyo trascendieron las fronteras de Tierra Caliente y de Michoacán. La información del movimiento llego a todo el mundo.

La organización que desde un inicio caracterizó el levantamiento, promovió que le dieran carácter notarial y legal, como consta en el manifiesto elaborado por sus líderes, cotejado por las firmas de todos sus miembros y constituido en documento público mediante el acta notarial de fecha 8 de marzo del año 2013. Se muestran en las siguientes imágenes:

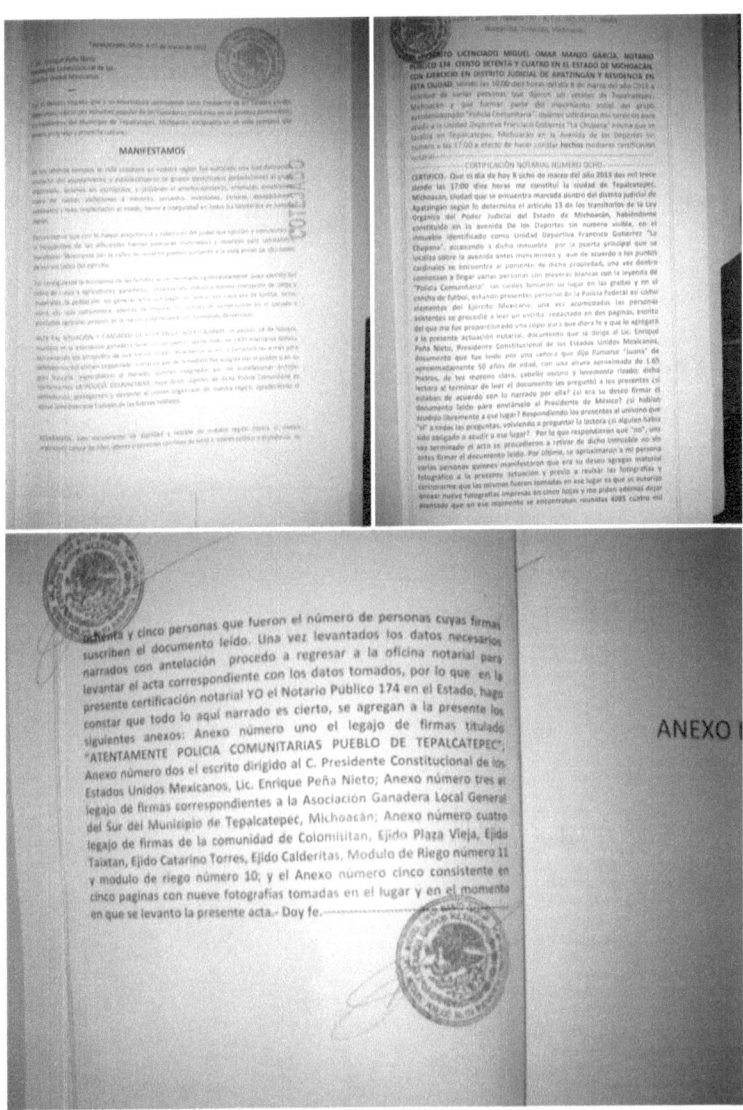

El primer Vocero del levantamiento

Se incorporó al movimiento a finales de febrero o principio de marzo del 2013, su formación profesional, dominio de la palabra y convicción en la lucha contra los Templarios, permitió que el Consejo lo designará vocero del movimiento. Su desempeño fue crucial en la divulgación del movimiento a nivel internacional y en las negociaciones con el Gobierno Federal.

Pienso que le quitaron la luz "a los dos"

¿por qué hoy sigue en la cárcel?

VALOR ENCOMIABLE, SOLIDARIDAD, Creatividad …

Hombres y Mujeres inteligentes e iluminados por la sed de justicia, la dignidad y el amor a sus familias, encontraron soluciones a cada obstáculo, ante el inmenso número de camionetas blindadas de los Templarios, ellos se crecieron, con sus propios esfuerzos blindaron sus camiones y en éstos se desplazaban a las limpias y a los enfrentamientos.

Nada los podía detener, menos aún, el poderío excesivo de los Templarios.

Camiones Blindados por los autodefensas

Camiones Blindados por los autodefensas

LO REAL MARAVILLO FUE, QUE INSPIRADOS EN EL LEVANTAMIENTO DE TEPALCATEPEC Y LA RUANA, MUCHOS MUNICIPIOS DE TIERRA CALIENTE, LA COSTA Y LA MÉSETA PURÉPECHA, UNIERON ESFUERZOS Y SE LEVANTARON EN ARMAS, EXPULSANDO A LOS TEMPLARIOS DE SUS PUEBLOS.

TEPALCATEPEC SE CONVIERTIÓ EN EL CENTRO DE REFERENCIAS DE TODOS LOS PUEBLOS CONTRA LOS CRIMINALES.

CRONOLOGÍA DE LOS LEVANTAMIENTOS

1. TEPALCATEPEC, 24 DE FEBRERO 2013

Se inicia el levantamiento en la reunión de los ganaderos.

1. Los Autodefensas de Tepalcatepec, apoyaron el levantamiento de casi todos los municipios de tierra Caliente que solicitaron el apoyo.
2. Se realizaban reuniones sistemáticas, a las que acudían líderes de todos los municipios,
3. Solicitaron la presencia del gobierno federal, porque los caballeros templarios estaban fuertemente armados,

organizados y dominaban el Gobierno de Michoacán, mientras los comunitarios tenían escasas escopetas y un valor inmensurable.

4. Cuando se tomo el acuerdo con el Gobierno Federal de quedarse en sus municipios y no avanzar hacia otros, Tepalcatepec se mantuvo firme en su municipio, disciplinado y alerta

5. Tepalcatepec fue el primer municipio en aceptar el proceso de reclutamiento y selección para Fuerza Rural Estatal,

2. La RUANA, 24 de Febrero del 2013

El "Quiroz" de Tepeque, gran amigo de Hipólito Mora, lo invitó a participar en el Movimiento, a lo cual, reaccionó con rápidez y firmeza, levantándose después de Tepeque.

Dos líderes, intereses diferentes y dos grupos en el mismo municipio de Buenavista marcaron el inicio de una fractura que se torno antagónica entre Hipólito y el Americano.

En el año 2014, casi un año después de iniciado el Movimiento, anunciaron su separación de las filas de autodefensas, a través del siguiente posicionamiento:

"Señalaron que con el poder que concede el Comandante Hipólito Mora" presentaban un posicionamiento, dividido en seis acuerdos. Lo anterior, fundamentado básicamente en una inconformidad con el consejo general de autodefensas, quienes estarían recibiendo en sus grupos de autodefensa, a ex-templarios "arrepentidos", por lo cual, este grupo considera que estos ex -templarios, no deben ser perdonados y sumados a las filas de las autodefensas.

Presentaron los siguientes acuerdos:

1. Anunciaron su separación de las autodefensas los siguientes grupos: Aquila, Coalcoman, Aguililla, Chila, Naranjo de Chila, el Aguaje, Apatzingán y mencionan como aliados al padre Goyo y al Dr Mireles, de quien esperan "siga unido a esta lucha en los próximos días".

2. Hicieron una invitación a toda la ciudadanía a que denuncien a todos aquellos que quieran infiltrarse entre ellos.

3. Anunciaron que no formarán más, parte del consejo de autodefensas, considerándose ahora como pueblos autónomos y soberanos en los que cada líder representará a su pueblo.

4. Desconocieron Papa Pitufo) como vocero, al considerar que representa otros intereses, sobre todo apoyando a ex templarios arrepentidos.

5. Aseguraron que lo que están realizando es para fortalecer su lucha y no para debilitarla. Hacen una invitación a que los pueblos ya levantados formen parte de su movimiento "de los aliados".

6. Anunciaron que en los siguientes días seguirán avanzando en otros pueblos, liberándolos de los caballeros templarios. Solicitan apoyo para identificar a los templarios de cada uno de los poblados a donde acudan.

3. BUENAVISTA, 24 de febrero 2013, tarde noche

1. Los templarios de Buenavista huyeron a Tancitaro, Aguililla y Apatzingán

2. Con el Americano al frente, apoyaron el levantamiento de varios pueblos de Tierra Caliente

3. El Americano y sus seguidores formaron parte del Grupo Especial, nunca fueron parte de la fuerza rural.

4. El Americano, fue el primer Autodefensa, que perdonó a ex-templarios, perdonó e incorporó a los Viagras, a la Chanda y a otros.
5. Los Viagras y el Americano, después de multiples contradicciones se separaron.
6. Se desconoce el paradero del Americano.

4. COALCOMÁN, 16 de Mayo del 2013

El 15 de Mayo 2013, fue el primer intento de levantamiento de los Autodefensas de Coalcomán, liderados por el Comandante Felipe Díaz q.e.p.d y Misael, fueron interceptados por los militares que los tratan de desarmar, huyen y se refugían, para volver a levantarse en la madrugada del dia 16. Toman el municipio, ubican las barricadas, limpian el pueblo y posteriormente participan en el levantamiento de Chinicuila.

5. CHINICUILA, 30 de Mayo del 2013

Liderados por Picierre primero, y posteriormente por Esteban Marmolejo, este día de Mayo, se levantaron en Chinicuila municipio de la costa michoacana. Chinicuila era como un recinto de descanso para muchos templarios, mismos, que huyeron a Colima.

6. AGUILILLA, 28 de Junio 2013

1. En Aguililla, los Autodefensas, realizaron un primer intento de levantamiento, en la localidad del Aguaje, 14 de junio del 2013, pero fueron repelidos fuertemente por los templarios, en una zona irregular y angosta. No pudieron tomar el pueblo.

2. Solicitaron ayuda al Consejo de Tepeque.

Por estas mismas fechas, últimos días de Junio del 2013, llegan a la reunión Tepalcatepec, el Gordo de los Viagras como líder de los hermanos Sierra Santana y seguidores.

Llegaron a la reunión del Consejo de Tepalcatepec, solicitaron los autorizarán a incorporarse como Autodefensas, vivían en Pinzándaro, localidad del municipio Buenavista, en ese momento no eran conocidos, ellos afirmaban que se dedicaban a sus negocios, que estaban hartos de pagar cuotas altas a los Templarios.

Como Pinzandaro pertenece a Buenavista, el Consejo convocó a la Mamy y al Americano, para saber que pensaban y sí los aceptaban.

Ellos informaron, que le habían preguntado al pueblo y que el pueblo apoyaba que los dejarán como comunitarios en Pinzándaro municipio de Buenavista y así se iniciaron en el movimiento en junio del 2013 unidos al Americano, al que le proporcionaron armas de alto calibre y municiones.

3. Los Autodefensas de Aguilla liderados por Don Pancho y Sapiens, posteriormente Frutos dos grupos también fracturados, limpiaron el municipio el 28 de Junio con el apoyo de Tepeque y Buenavista.

4. Esta fractura y doble liderazgo, como en La Ruana, trajo contradicciones insospechadas a ambos muncipios.

5. Cada vez que se liberaba un municipio, se realizaba una reunión en la plaza y se convocaba al pueblo para que nombrara a sus representantes y formaran el Consejo Ciudadano.

6. En estas reuniones, se presentaban a los Templarios que eran capturados, y se les pedía al pueblo con aval del Consejo, que decidieran que hacer con ellos, si los sacaban del pueblo o los perdonaban.

En la mayoría de los pueblos, pidieron que fueran expulsados del pueblo

Cuando estos malandros se exponían al pueblo, si el pueblo los perdonaba, sólo se podían quedar en su municipio y no transitar a otros. Si se trasladaban a otros municipios, serían juzgados por los crímenes cometidos.

Muchas familias, decían, "no queremos ver a estos criminales, ya mi hijo o hija no va a volver, no queremos verlos ni saber nada de ellos"

Coalcomán y Chinicuila, fueron los primeros municipios en perdonar a algunos templarios.

A los perdonados, también se les decía, que no podían estar en grupos, ni reunirse, ni estar armados, tampoco podían participar en acciones del movimiento comunitario, a excepción de que conocieran refugios o casas de seguridad de los Templarios e informaran de estas.

7. **AQUILA, 14 de Agosto del 2013.**

Líder Semey, en la actualidad también está a cargo el Toro.

Aquila se levantó sólo, con el apoyo de sus comuneros de Aquila y Ostula.

Los comuneros tomaron la presidencia municipal, pero intervino la Marina, la Policía Federal y los Militares y se llevaron detenidos 41 comuneros (algunos de ellos aún están privados de libertad), las fuerzas militares argumentaban que los comuneros habían retenido dos policías vestidos de civil.

El siguiente día, 15 de Agosto del 2013, un número importante de militares llegaron a Ostula, produciéndose un enfrentamiento, resultando varios heridos y todo el pueblo salió, hasta que se retiraron los militares y situaron barricadas. Desde ese momento, han sido hostiles las relaciones entre los comuneros de Ostula y la Marina.

Los templarios que estaban aquí, huyeron a las comunidades de Pomaro, Coire y Caletas.

8. **PAREO localidad de Tancitaro, liberado el 17 de Noviembre de 2013**

Aquí se produce un fuerte enfrentamiento entre los Templarios y los comunitarios de Tepalcatepec y Buenavista que habían llegado a Pareo, para luego avanzar a Tancitaro.

En este enfrentamiento refieren los Autodefensas, que muchos templarios quedaron muertos y otros muchos corrieron y abandonaron sus armas y camionetas.

La respuesta estatal del Gobierno, principalmente del ex secretario de Gobierno Jesús Reyna, para evitar, que los grupos de autodefensas avanzaran a Tancitaro, fue colocar retenes de seguridad de policías federales y elementos del ejército.

Cuando los Comunitarios llegaron a Tancitaro, la mayoría de los integrantes del pueblo salieron con palos y herramientas para evitar que los militares desarmaran a los Comunitarios o blancos (les decian también blancos, por las camisetas), y así pudieron llegar a la plaza principal, tomaron el pueblo y los militares se vieron obligados por el pueblo a replegarse y retirarse.

9. TANCITARO (ciudad), 20 de Noviembre del 2013

A cargo Sierra y Héctor Bucio

Ya liberado el pueblo de Tancitaro, se formó el Consejo Ciudadano.

A los pueblos se les informaba, que todo lo que había sido robado por los templarios, casas, huertas de aguacate, maquinarias, tractores, ganado, debían ser devueltos a sus dueños.

El Consejo se encargaba de entregar las propiedades a la gente, generalmente, se les pedía que demostraran que eran sus propiedades, pero en los casos que habían sido obligados a firmar por los templarios, el pueblo los avalaba, porque conocían la verdad.

Algunas huertas ya no tenían dueños, habían sido asesinados y otros desplazados, en este caso, el consejo, se las adjudicaba para obtener fondos, que ocuparían para gastos de gasolina, vehículos, armamentos, comida, apoyo a víctimas y apoyo en general a los comunitarios y a sus familias

10. ZICUIRÁN –HUACANA, 19 Diciembre 2013,

Contaron para levantarse con el apoyo de varios Comandantes y subgrupos de Tepalcatepec.

Aquí se juntaron con los lideres de la Huacana y Churumuco, que habían pedido apoyo para también limpiar sus municipios como José Alfredo, el Ingeniero Ulises y otros.

Era muy importante que estos tres pueblos se liberarán, porque lo que se buscaba era cercar a Apatzingán, que era el recinto, corazón o centro de negocios de los Templarios, mientras sus guaridas inhóspitas estaban en Arteaga y Tumbiscatio.

11. CHURUMUCO, 29 Diciembre 2013

Mientras se limpiaba Churumuco, de Tancitaro otros grupos de comunitarios bajan a Parácuaro,

2014

12. PARÁCUARO, 4 de Enero de 2014

A Parácuaro entraron a limpiar el Comandante 5 con Autodefensas de Tepalcatepec y los Viagras de Pinzandaro, no recibieron el apoyo del pueblo, algo inusual había pasado.

Para esto el Gordo de los Viagras, dice que el conoce a la gente de Parácuaro y sale a hablar con ellos, afirma que se encargará de ver que pasa y resolverlo.

Al otro día, se da la sorpresa, habían perdonados a muchos templarios y los ubicaron en barricadas.

Es decir, El Gordo Viagra y el Comandante 5, arreglaron a medias tintas con pobladores no identificados o identificados como templarios, sin hacer la reunión correspondiente, ni la formación del Consejo.

En Parácuaro, el movimiento tuvo un gran fallo, inmediatamente, se produjeron muchas críticas.

El Comandante 5 y los Viagras se quedaron en Paracúaro.

Aquí se produce una fractura con el movimiento, que no aceptó el proceder de los Viagras y el Comandante 5. Ya nunca volverían a confiar en ellos.

A la larga, los perdonados de Páracuaro, asesinaron al lider de los Autodefensas reales de allí, al Comandante Mauro Coira, q.e.p.d.

13. NUEVA ITALIA, 12 de Enero del 2014

Se vienen los grupos que estaban en Zicuirán y Churumuco y entran a Nueva Italia, de ahí salen los autodefensas de Nueva Italia, incluido el apoyo del Presidente Municipal,

Se realiza la reunión en el pueblo y se les explica lo relativo al Consejo, la devolución de propiedades.

Les decomisan todas las propiedades de Kike Plancarte, aquí se produce, el saqueo de las propiedades de Kike plancarte por parte del Americano, el Comandante 5 y los Viagras.

14. COAHUAYANA 14 de Enero del 2014

En Coahuayana, los templarios asesinan el día 13 de enero del 2014, al líder del movimiento comunitario Julio Zepeda Navarrete, al siguiente día se levantó en armas este pueblo liderados por Comandante Teto, el hermano de Julio.

Coahuayana fue uno de los municipios que más propiedades decomisó al Crimen Organizado, los templarios de este municipio, huyeron a esconderse a las Comunidades de Aquila (Coire y Pómaro), a Colima y a la Sierra.

Los Templarios de Coahuayana, llegaron a tal nivel de crueldad, que tiraban vivos a pobladores al rio para que los cocodrilos se los comieran.

En algunas de las casa decomizadas tenián habitaciones subterráneas, con barandales como si fueran lugares donde esconder secuestrados o algo así, tenebrosas.

15. JUCUTACATO, 15 de enero del 2014

16. LOS REYES y PERIBAN, 28 de enero del 2014

19 de julio del 2013, asesinan y cuelgan en el limoncito a 4 familiares de Ponchito, lider de los Autodefensas de los Reyes, dos sobrinas, una de ellas embarazada, las asesinaron para detener y amedrentar a Poncho. No lo lograron.

Tres días después, el 22 de julio del 2013, liderados por Poncho, los autodefensas de los Reyes entraron pacíficamente a la presidencia municipal, sin armas de fuego, con pancartas de Los Reyes libres de cuota, y también solicitaron le dieran **baja a la policía municipal,** por que **eran el brazo armado de los templarios,** de pronto llegaron camionetas de sicarios tapados de la cara, les disparon a mansalva, asesinaron a cinco Autodefensas, hirieron gravemente a ocho. Uno de los cinco asesinados fue un hijo del líder Autodefensa de Rancho Nuevo.

En los Reyes fue muy dífícil entrar y limpiar, demasiados interés económicos y laboratorios de droga de los templarios.

Lo lograron el 28 de enero del 2014 con el apoyo de Tancitaro y Tepalcatepec.

Una Singularidad que tuvo el proceso de levantamiento y toma del pueblo de los Reyes, fue el manejo que se hizo con los Punteros, se los entregaron a sus padres o familiar responsable, para que se hicieran cargo. Casi todos eran adolescentes o jóvenes adictos a las drogas.

17. JICALAN, 5 de febrero 2014.

18. APATZINGÁN, 8 de Febrero 2014.

La entrada a Apatzingán, se da en circunstancias diferentes al resto de los municipios- El padre Goyo, había participado en varias reuniones con el Consejo de Tepalcatepec, el insistía, en no combatir la violencia con violencia y proponía sus grupos de CCristos.

Respetando y respondiendo a la convocatoria del Padre Goyo, una parte de los Autodefensas de Tepalcatepec y la Ruana, se quedaron en las afueras del municipio, armados y alertas. Otra parte entro sin armas con Hipólito Mora.

Mientras, en Apatzingán, surgieron falsos Autodefensas, se ponían camisetas blancas que decían, por un Apatzingan libre contra el mal gobierno, a diferencia de las camisetas, de los Comunitarios que decían, por un Tepalcatepec libre.

Estos falsos autodefensas, promovidos por los templarios, con sus falsas camisetas, robaban, secuestraban desacreditando al movimiento comunitario.

La gente de Apatzingán, desconfiaba de todos, incluido los Autodefensas.

Ante la alarmante presencia de Autodefensas falsos o ex templarios y la confusión que se da en la población. Se realiza la reunión del pueblo, donde se informa, que tanto los Autodefensas de Tepeque y otros municipios se retiraban, a lo que el pueblo, respondió, que no los dejaran sólos, que necesitan ayuda para limpiar Apatzingán.

De esta manera se aceptó que la gente armada de Tepalcatepec, Buenavista, Parácuaro, que estaba en las orillas de Apatzingán, entraran y empezaran a reventar las casas y bodegas de los Templarios.

El Americano y sus seguidores empezaron a identificarse como H3 y las propiedades a las que entraban les ponían H3, lo mismo hacían los Viagras les ponían a las propiedades que reventaba.

Esto generó una fractura mayor entre los grupos de comunitarios, practicamente ya no eran tenidos en cuenta.

Posteriormente, se formaron grupos de apoyo que quedaron en las barricadas. El Comandante 5 y el Dorado, estaban a cargo de la barricada de la Cocacola, era la más grande y coordinaba otras zonas más rurales y aquí estaba el Comandante 5 y el Dorado. A la salida de Aguililla otra barricada, en la zona conocida como la Chandio con autodefensas de Hipolito Mora.

La tercera barricada, en la zona conocida como bachilleres a la entrada de Apatzingán, con autodefensas de Tepeque.

Comandante 5 y José el burro, pidieron quedarse a cargo de Apatzingán, se compromentieron a no actuar con violencia y en coordinación con el Consejo. Pero Apatzingan se les fue de las manos, no pudieron mantenerlo en paz,

Esto se mantuvo aquí, no se pudo avanzar más, ni limpiar más, ya estaba a cargo la Comisión para la Seguridad como parte de la Estrategia Federal, se habían comprometidos a no avanzar.

19. TOCUMBO, 6 de marzo de 2014

20. COTIJA,29 de marzo de 2014, con el apoyo de los Autodefensas de los Reyes.

MENCIÓN ESPECIAL MERECE CHERATO, COMUNIDAD INDIGENA DE LOS REYES, DESDE ENERO DEL 2013, CERRARON LAS ENTRADAS DE SU COMUNIDAD IMPIDIENDO EL PASO ACOSTUMBRADO DE TEMPLARIOS CON ARENA Y MADERA

21. CHERATO, 21 de enero del 2013,

En Cherato debido a que estaban cansados del pago de cuotas y las extorsiones, el 21 de enero del 2013, hicieron una marcha en la que participaron entre trescientos y cuatrocientos comuneros, vestidos de blanco y sin armas. Llevaron un pliego petitorio al Presidente MunIcipal Sr.José Antonio Salas Valencia, éste se escondió, los comunitarios tomaron un micrófono y les exigieron que quitara los policias municipales principales responsables de los crímenes.

El Presidente Municipal nunca les atendió, ni siquiera una llamada, nada.

El 22 de marzo levantaron[14] del municipio al Capitán de materiales de guerra Roberto Serrano, encargado del orden de la comunidad, nadie más supo de él y esto provocó que se incrementara el movimiento.

Los comunitarios a pesar de no tener apoyo del gobierno ni de otros comunitarios, lograron cerrar la entrada a la comunidad. Luego recibieron el apoyo de una base de operaciones **mixtas del ejército** y trabajaron en conjunto para ubicar casas de seguridad de los templarios.

El 23 de marzo tomaron los Reyes y bloquearon todas las entradas, para presionar que les entragaran al Capitán Roberto Serrano, luego se parapeto la policía federal y hasta el ejército. El Coronel Homero Blanco les permitió las operaciones de bloqueo sin utilizar armas, que controlaran el tráfico sin cerrar la circulación, de manera que permitieran el paso a las familias y a los proveedores.

El ejército acuartelo y desarmó a los policias municipales, días posteriores el Presidente Municipial los volvió a armar.

Recuerda Tata, que el Dr.Mireles le llamo y le dijo, "lo único que les pido es que sostengan la lucha y no cejen, son personas de mucho valor aún siendo pobres y poquitos, eran un ejemplo", luego se mantuvo en comunicación constante con los comunitarios de Cherato y les dejo saber que tendrían siempre el apoyo de Tepalcatepec.

El Tata siempre actuaba con el apoyo del Consejo Comunitario integrado por 15 comuneros. Todo el tiempo lo pretegían y le alertaban, solo salía acompañado de los militares.

---

[14] Levantaron, término que hace alusión a que desaparecen a una persona

Participó en una sola reunión con Jesús Reyna, el Secretario de Gobierno de Michoacán, que fue considerada un fracaso desde su inicio pues los citaron a las nueve de la mañana y fueron atendidos a las once de la noche, para no llegar a ningún acuerdo.

Posteriormente se reunieron con los de CHERÁN, ellos les recomendaron no tener diálogo con el Gobierno para que no fracasaran, les ayudaron con víveres como granos, frijoles, maíz.

Siempre decían que el Gobierno los traicionaría, que no realizaran platicas con ellos, ni con los de Tierra Caliente porque eran puros narcotraficantes. Un poco después Cherán les dijo, "Tata, no vamos a poder lograr conseguir recursos directos para que ustedes paguen a sus policías, no queda de otra que se unan a los de Tierra Caliente, que tal vez logren algo bueno con el Gobierno Federal, y asi fue como se unieron al movimiento dandole respuesta al llamado de Poncho.

22. PÁTZCUARO, 12 de marzo del 2014

Fue el último, visitaba a Tepeque el ex presidente municipal y mientras armaron un consejo, allí fue Papa Pitufo y el Comandante 5, la gente del pueblo pidieron que se quedaran grupos de apoyo, pero sin barricadas por el turismo, lo curioso fue que eran poco los que se levantaron aquí, se reventaron las casas de los principales templarios y se quedaban las cosas como botín de guerra, se alegraban mucho, hasta las ropas, armas, municiones y coches, drogas.

23. YURECUARO, se levantó de manera independiente

De Comunitarios a Autodefensas

> Ellos ponen policía comunitaria por los ideales indígenas, luego al darse cuenta que no podían ser como los pueblos indígenas deciden ser autodefensas.

Tepalcatepec construye identidad y refuerza su unidad cada año, al celebrar el 24 de Febrero, un aniversario más de su fecha de levantamiento.

Tepalcatepec fue el lugar de reunión, coincidencias, debates, solicitud de apoyo de más de 30 municipios, lideres debatían allí la situación de sus pueblos, de la policía municipal, de los templarios.

---

[15] Todas las imágenes de este capítulo se publican con el permiso del Consejo de Tepalcatepec, forman parte del archivo de imágenes del movimiento que conserva el Comandante Rojo.

Tepalcatepec, Coahuayana, Los reyes, Tocumbo, Periban, Cherato, Cotija, Huacana, Churumuco, Aquila, Chinicuila, y algunos otros municipios, junto a sus líderes, constituyen en estos momentos, la oposición al cobro de cuotas, la oposición a la corrupción, la oposición a la criminalidad y el abuso, la oposición al abandono de un pueblo por el gobierno y su entrega a criminales.

Imágenes del Levantamiento en Tepalcatepec

ATENTO COMUNICADO A LA SOCIEDAD CIVIL Y MEDIOS DE COMUNICACIÓN

Municipio de Tepalcatepec, Michoacán

Febrero del 2013

POR ESTE MEDIO INVITAMOS A LA SOCIEDAD EN GENERAL, A UNIR ESFUERZOS CON NUESTRA AUTODEFENSA REGIONAL, PARA CONTRIBUIR RESPONSABLEMENTE AL COMBATE EFICAZ DEL CRIMEN ORGANIZADO.

HACEMOS DE SU CONOCIMIENTO QUE ANTE LA FALTA DE SEGURIDAD QUE SUFRIMOS LOS HABITANTES DE MICHOACAN Y PARTE DEL ESTADO DE JALISCO, EL VALLE DE APATZINGAN, PRINCIPALMENTE EL MUNICIPIO DE TEPALCATEPEC, BUENAVISTA, COALCOMAN Y SUS ALREDEDORES, HEMOS DECIDIDO HACER UN FRENTE COMUN PARA COMBATIR EL MAYOR PROBLEMA SOCIAL QUE NOS AQUEJA, PUES NO PODEMOS ESPERAR QUE LOS PRESIDENTES MUNICIPALES QUIENES LE DEBEN SU PUESTO A LA DELINCUENCIA ORGANIZADA BAJO UNAS VERGONZOSAS ELECCIONES, LLENAS DE AMENAZAS A LA SOCIEDAD Y FINANCIAMIENTO DE CAMPAÑAS NOS RESUELVAN EL PROBLEMA Y JUNTO CON LAS CORPORACIONES POLICIACAS, MUNICIPALES, ESTATALES, AGENTES DE MINISTERIO PUBLICO, TRANSITO Y DEMAS, SE ENCUENTREN AL MANDO DE ESTOS DELINCUENTES.

ES VERGONZOSO VER, QUE PARTE DE NUESTRA SOCIEDAD, REPRESENTANTES DE PRODUCTORES, EN ALGUNOS CASOS POR MIEDO O INTERESES PROPIOS, CONTRIBUYEN CON INFORMACION Y CONVENIOS FINANCIEROS PARA EL FORTALECIMIENTO DE ESTOS GRUPOS, SIN EMBARGO ESTAN BIEN IDENTIFICADOS Y SON LOS PRIMEROS QUE SUFRIRAN LAS CONSECUENCIAS DE SUS ACTOS, LAMENTABLEMENTE TENEMOS QUE EMPEZAR POR LIMPIAR NUESTRA CASA.

NO SOPORTAMOS SU PREPOTENCIA, QUE MATEN, SECUESTREN, ROBEN Y AMENAZEN IMPUNEMEMTE, IMPOGAN MULTAS, MANIPULEN LOS PRECIOS DEL COMERCIO, DE NUESTRAS COSECHAS Y GANADO PARA QUEDARSE CON LA MAYOR PARTE DE LO QUE CON TANTO ESFUERZO PRODUCIMOS, ESTAN PRESENTES EN TODOS LOS NIVELES DE PRODUCCION Y COMERCIALIZACION, EXTORSIONANDO DESDE LA EXPLOTACION MINERA, FRUCTICOLA, AGRICOLA Y GANADERA, PASEANDOSE LIBREMENTE POR NUESTRAS OFICINAS Y LUGARES PUBLICOS COMO VERDADEROS LIDERES.

DEFENDERNOS POR NUESTRA LIBERTAD NO ES DELITO Y A ESTAS DECISIONES LE DEBEMOS LO QUE SOMOS ¿O ESPERAS VER DESTRUIDA TU FAMILIA Y PATRIMONIO, O, A TU HIJO EN SUS FILAS PORQUE NO TUVISTE LA CAPACIDAD PARA LUCHAR POR UNA REGION QUE GENERE OPORTUNIDADES Y NO QUE SE AVERGUENCE O LE CAUSE TEMOR EL SER MICHOACANO?

EN ESTOS MOMENTOS DECIDIMOS UTILIZAR LOS RECUERSOS ECONOMICOS QUE NOS ROBAN PARA SOSTENER UNA BATALLA EN SU CONTRA, NADIE COMERCIALIZARA CON ELLOS, NO PAGUES CUOTAS ILEGALES, VENDAS TU GANADO, MAIZ, LIMON Y OTROS PRODUCTOS COMO HASTA AHORA, POR BAJO DE SU VALOR, **¿O TE CONSIDERAS PARTE DE SU ORGANIZACIÓN Y ERES IGUAL DE CRIMINAL?** SOMOS TODA UNA SOCIEDAD CANSADA, QUE VAMOS A LUCHAR Y DENUNCIAR ADECUADAMENTE HASTA TERMINAR CON ELLOS, QUIENES SERAN CASADOS COMO SE MERECEN JUNTO A TODOS SUS HALCONES, INFORMANTES Y PERSONAS CON QUIEN SE RELACIONEN

ATT:

AUTODEFENSA REGIONAL DE MICHOACAN

A los Templarios le decomisaron en sus casas, uniformes de la Policia federal, uniformes del ejército, de la Marina y mantas con la cruz templaria.

Imágenes del Levantamiento en Aquililla

Imágenes del Levantamiento Huacana y Churumuco

Imágenes del Levantamiento en Aguaje 1er Intento

Imágenes del Levantamiento en Nueva Italia

Imágenes del Levantamiento en Tancitaro

Imágenes del Levantamiento en los Reyes

Imágenes del levantamiento en La Huacana

Calcas Comunitarias

Calcas Comunitarias de los Autodefensas

MARZO 2014

ACUERDOS PARA LA INSTITUCIONALIZACIÓN

En el mes de Marzo, se produce una reunión de trascendental importancia, en ella participan los integrantes de la Comisión para la Seguridad y el Desarrollo de Michoacán y lideres Autodefensas de Tierra Caliente, la Costa y la Méseta Púrepecha.

En esta reunión, se prepararon las condiciones para iniciar el proceso de Institucionalización de los Autodefensas al Corporativo de Seguridad Fuerza Rural Estatal.

Todavía lo más importante, en esa reunión, el Comisionado Alfredo Castillo Cervantes y el Procurador Martin Godoy Castro, se ganaron la confianza de los líderes, eso significó, que era la primera vez que confiaban en una institución de Gobierno en casi 17 años. A partir de esa reunión, el diálogo, la actitud, las miradas de los Autodefensas eran otras, en esa reunión se ganaron batallas insospechadas de credibilidad, identidad y confianza. De Credibilidad porque creyeron en la institucionalización y esta fue un hecho, Fuerza Rural Estatal se creó, de Identidad, porque muchos de ellos, al ser seleccionados, encontraron en la tarea de cuidar sus pueblos, un reconocimiento, un lugar y un trabajo para mantener a sus familias, se autoafirmaron, en el mismo lugar, donde antes habían sido humillados, y esto es un paso de construcción del tejido social.

El debate es largo, es fuerte, son horas de trabajo, de análisis, hasta que llegan a acuerdos de institucionalización y de no avanzar a limpiar otros municipios.

Los líderes Autodefensas, previo a la reunión con el Comisionado ACC[16], se reunieron en Tepalcatepec, tomaron los acuerdos por municipios, escrito a lápiz, llegaron con sus acuerdos al análisis

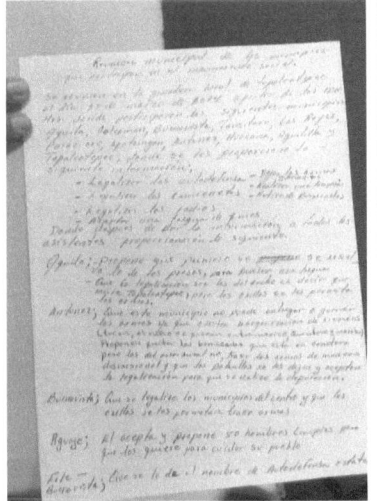 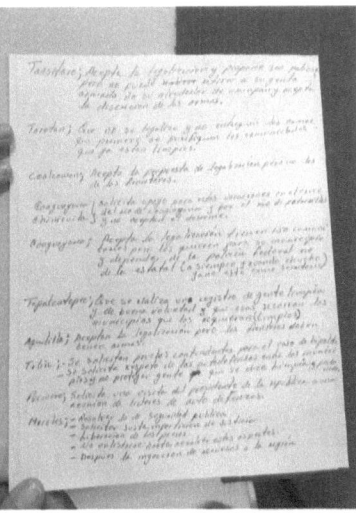

Como se puede observar, la mayoría de los líderes, apoyaron la institucionalización y con ella, detener el movimiento de los Autodefensas hacia otros pueblos o limpia como ellos decían,

Entre los acuerdos hay diferentes solicitudes, como la de liberar a los presos, esclarecer lo de Hipólito Mora (defendían que no debía estar privado de libertad), que se realicen operativos a otros municipios llenos aún de templarios, inyectar inversión al estado, resolver el tema de seguridad, ellos sabían y lo decían que si no

---

[16] Comisionado Alfredo Castillo Cervantes

actuaban rápido tanto los templarios se reorganizarían, como surgirían muchos subgrupos de minicárteles, y así ha sido.

En estos acuerdos, Tepalcatepec, dió el paso al frente, al decir, que con ellos se iniciará el reclutamiento y selección.

CAPITULO 4

FUERZA RURAL ESTATAL MICHOACÁN

En retrospectiva, se hace visible, que los Autodefensas y los equipos de trabajo de la Procuraduría, la Secretaría de Seguridad, liderados por el Comisionado ACC en el marco de la Comisión[17] y Galindo de la PF, crearon las condiciones para que los líderes Autodefensas pasaron de **"una franca resistencia"** a un **"optimismo cauteloso"** y luego por un tiempo a la **"credibilidad, confianza y entusiasmo"**[18],

¿Cómo se dio este continuo?

"franca resistencia" ... *"optimismo cauteloso"* ...
"credibilidad, confianza y entusiasmo"19,

---

[17] Comisión para la Seguridad y el Desarrollo de Michoacán, liderada por el Comisionado Alfredo Castillo Cervantes 2014-2015

[18] credibilidad y confianza al menos por un tiempo, hasta Enero 2015

Este continuo es claro porque los Autodefensas tenían claro sus objetivos, estaban unidos, incluso algunos sentían un poco de alivio al quedarse en sus municipios cuidando a su gente, estaban estenuados de lidiar y luchar contra los templarios.

La cercanía estratégica del Comisionado ACC[20], que dedicaba horas en Tierra Caliente, horas de análisis con los líderes Autodefensas, cada situación, preocupación o incidencia era importante, analizada y cerraba con acuerdos, todo se encausaba.

Además comía con ellos, les hacía bromas, los convocaba a disciplinarse, las contradicciones terminaban en acuerdos, siempre les decía "sobre aviso no hay engaño", avisaba por ejemplo, "acordamos que ya nadie puede moverse a otros pueblos, nos encargaremos nosotros",.Reían

Era una relación muy especial, *nunca antes y nunca después*, los autodefensas serían tratados con tanto respeto y apoyo.

La tercera razón fue la mano dura y firme del Procurador Martín Godoy, la impartición de justicia en su ejercicio, fue algo insospechado e inesperado en Michoacán:

IMPRESIONANTE Y SIN PRECEDENTES

1. Se encarcelo José de Jesús Reyna García (secretario de gobierno de Michoacán considerado la mano derecha del "Chayo "Nazario Moreno", líder de los templarios en el Gobierno, todos le temían, los Diputados y todos los funcionarios se alistaban a sus mandatos. Incluso el

---

[20] Comisionado a cargo de la Comisión para la Seguridad y el desarrollo de Michoacán ACC Alfredo Castillo Cervantes.

Diputado del PRD Esquivel Lucatero, pensaba que él le haría algo.

2. Se encarcelaron más de 140 funcionarios por nexos con el crimen organizado, fraude y peculado.

3. 11 Directores Municipales de Seguridad Pública, para que se tenga una idea, en uno de los municipios de Michoacán, en la entrada de la Presidencia Municipal había una espada templaría, solamente imagine quién procuraba justicia allí.

4. 3 Subdirectores de Seguridad Pública Municipales,

5. 3 ex-secretarios de Estado,

6. 8 Presidentes Municipales,

7. 1 Tesorero,

8. 2 Síndicos,

9. 29 Policías Estatales

10. 150 Policías Municipales.

11. 300 policías municipales fueron trasladaron a la escuela de Tlaxcala para evaluación de confianza.

12. En los municipios de Uruapan y Paracho, elementos de la Secretaría de Seguridad Pública de Michoacán realizaron el aseguramiento de tres laboratorios para la elaboración de droga sintética, así como la detención de tres presuntos responsables.

13. Los secuestradores eran encontrados y los secuestrados regresados con sus familias.

14. Minerales, Madera regresaban al estado

15. Títulos, conflictos de propiedad sobre la Tierra, encontraban interlocutores y asesoría adecuada

Y más ...

Todo lo que acontecía, en el ámbito de la impartición de justicia y el estado de derechos, tenía el efecto de la primavera, del amor y la esperanza.

Esas fueron las condiciones en las que se inicio el proceso de reclutamiento y selección de Autodefensas para formar parte de la Fuerza Rural Estatal de Michoacán.

Selección y Reclutamiento

Era un proceso de Mediación en la Tierra Caliente Michoacana GUÍADO POR LAS PREMISAS DE

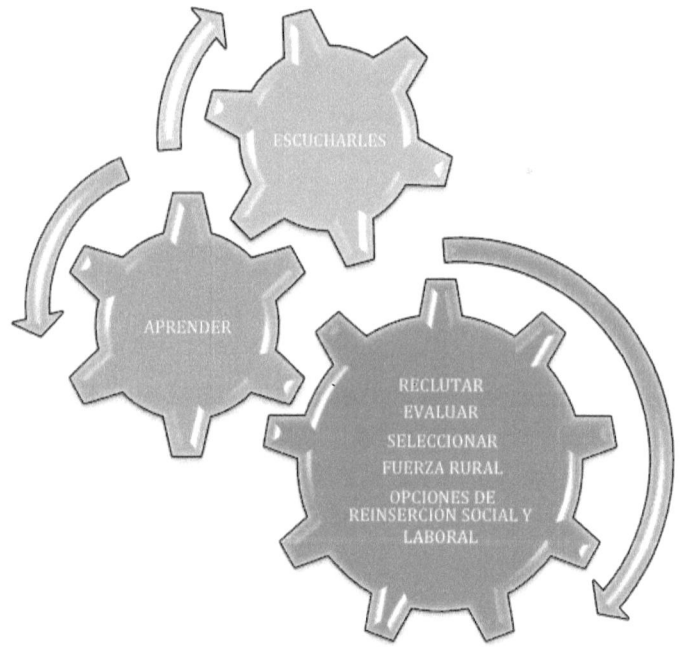

Los Autodefensas tenían mucho que contar y les gustaba hacerlo, con total naturalidad hablaban de los templarios, de las noches en las barricadas, de la marihuana, de todo, la comunicación fluía de manera extraordianaria. También eran muy observadores, muy observadores, las emociones eran fácilmente detectadas por ellos, tenían frases claves de sostén para el equipo, *(no pasa nada, no se preocupe, que necesita, le vamos a regalar un tronco con orquídeas*

para que este feliz, pero no se enoje, no han comido) eran personas hermosas y buenas, nos permitieron trabajar, es más, nos ayudaron a trabajar.

En este proceso de Mediación la aceptación y el respeto a los Autodefensas fue clave, posteriormente de tanto escucharles no solo aprendimos, terminamos admirándoles, de ahí lo específico, lo Real Maravillo para todos, fue Fuerza Rural Estatal y después la continuidad y seguimiento en sus municipios, a través de las capacitaciones, las reuniones mensuales, los reportes de trabajo, los pagos, uniformes, botas, credenciales, armamentos ...

MARCO JURÍDICO[21] DE FUERZA RURAL ESTATAL

Institucionalizar a los autodefensas seleccionados no solo era un acuerdo, era también una necesidad en aquel momento y en aquellas circunstancias, a efecto de que no se instituyeran como un gobierno paralelo, además de que no se trastocaran los objetivos del movimiento social a merced de la nueva diversidad de Autodefensas que emergieron[22], con antecedentes e intereses diferentes a los de los Autodefensas que iniciaron y continuaron el movimiento en Michoacán.

En el Proceso de institucionalización de las autodefensas a Fuerza Rural Estatal, el departamento Jurídico de la Secretaría de Seguridad Pública 2014-2015, desarrollo una serie de instrumentos, normas y procedimientos que regulaban el actuar de la unidad de fuerza rural.

---

[21] Elaborado por los equipos jurídicos de la Secretaria de Seguridad Pública Michoacán 2014-2015

[22] Autodefensas perdonados o extemplarios interesados en crear nuevos cárteles y distribuirse las propiedades y las plazas.

Así fue que, el 13 de mayo de 2014, después de múltiples gestiones la Secretaría de Seguridad Pública, publicó en el periódico oficial del Gobierno Constitucional del Estado de Michoacán de Ocampo, el decreto por el que se crea la unidad de Fuerza Rural de la Secretaría de Seguridad Pública del estado de Michoacán de Ocampo, cuyo objeto consiste en mantener la seguridad, tranquilidad y el orden público de los habitantes dentro de las regiones estatales, municipios, cuadrantes, colonias, tenencias o de las comunidades correspondientes.

Formalizaron el acuerdo firmándose el mismo, por parte del gobierno federal: el Comisionado Alfredo Castillo Cervantes y Enrique Galindo Ceballos, Comisionado General de la Policía Federal; por el estado de Michoacán, el mandatario estatal Fausto Vallejo Figueroa. Por parte de los grupos de autodefensa, representantes de las comunidades de Churumuco de Morelos, Nueva Italia de Ruiz, La Huacana, Parácuaro, Tancítaro, Cualcomán de Vázquez Pallares, Aquila y Coahuayana de Hidalgo. Por último, como parte de la sociedad civil, la presidenta de Ciudadanos por una Causa en Común, María Elena Morera.

La licencia de portación de **armas de fuego N-116**, regía el control del armamento.

El **protocolo de actuación de la unidad de fuerza rural, que estableció los parámetros de la actuación de la Fuerza Rural,** para resolver los conflictos que se susciten en las comunidades de las que sean parte; promover la participación de la sociedad en el control y prevención de situaciones que generen inseguridad y violencia o que constituyan amenazas, vulnerabilidad y riesgo para la integridad física de las personas, sus propiedades, el disfrute de sus derechos y el cumplimiento de sus deberes

Lineamientos de actuación de la unidad de fuerza rural, que regula el procedimiento a seguir para realizar la detención de personas que presuntamente incurran en infracciones administrativas o delitos.

Lineamientos del uso de la fuerza pública, que regula el proceder de la unidad de fuerza Rural en situaciones, actos y hechos que afectan o ponen en peligro la preservación de la libertad, el orden y la paz públicos, así como la integridad y derechos de las personas, a fin de asegurar y mantener la vigencia de la legalidad y el respeto de los derechos humanos.

PERFIL DE FUERZA RURAL[23]

El perfil de nuevo ingreso incluía objetivos, habilidades, precisiones y además las siguientes funciones y requerimientos generales:

FUNCIONES:

Patrullaje rural y suburbano

Atención y vigilancia de los bienes de la comunidad

Uso de armas y equipo de protección

Recibir la capacitación que en su caso le brindará la Secretaría de Seguridad Pública.

Colaborar con las autoridades municipales, estatales y federales, en el cumplimiento de los objetivos comunes, de seguridad pública, de la tranquilidad y paz social.

---

23   Elaborado por especialistas del Centro de control y confianza de Morelia

Prevenir la comisión de delitos, detener a los probables responsables de su comisión, con sujeción a las leyes, y mantener el orden y la tranquilidad pública en las comunidades o municipios en que opere, prestando servicio de seguridad pública.

Hacer del conocimiento de las autoridades correspondientes de aquellos asuntos que no estén dentro de su esfera de competencia y, en su caso, poner a disposición de las mismas a los probables responsables, así como los instrumentos u objetos del delito para que formen parte del expediente o carpeta de investigación respectiva.

Orientar a la población, cuando lo solicite, en cuestiones de seguridad pública.

Elaborar los informes y partes policiales para remitir a las autoridades correspondientes.

La demás que le asignen o confieren otras disposiciones legales, reglamentarias o estatutarias.

ALGUNOS DE LOS REQUERIMIENTOS GENERALES

- Escolaridad: preferentemente primaria de lo contrario adquirir el compromiso no mayor a un año para obtener el certificado correspondiente.
- Ser ciudadano mexicano por nacimiento, en pleno ejercicio de sus derechos políticos y civiles, sin tener otra nacionalidad.
- Ser de notoria buena conducta, no haber sido condenado por sentencia irrevocable, por delito doloso, ni estar sujeto a proceso penal.
- Tener acreditado el Servicio Militar Nacional o en proceso de liberación.

- No estar suspendido o inhabilitado, ni haber sido destituido por resolución firme como servidor público.

- Haber participado en la defensa y cuidado de la seguridad de la población o previamente elegido por la comunidad (ser Autodefensa)

PRECISIONES OBLIGATORIAS:

Aprobar los procesos de Evaluación de Control de Confianza (exámenes toxicológicos, médicos, psicológicos, poligráficos y de investigación socioeconómica).

Fuerza Rural Estatal

Principales resultados del proceso de reclutamiento, evaluación, selección, capacitación de la Fuerza Rural Estatal

1. **Cinco mil setecientos seis Autodefensas (5706) se registraron de 47 zonas territoriales (Municipios, tenencias, comunidades o localidades de Tierra Caliente, la Costa y Méseta Purépecha).**

2. **Tres mil quinientos doce (3512) Autodefensas se realizaron controles de confianza en el C3 para pertenecer a Fuerza Rural, de estos 1036 eran positivos a drogas, es decir, el 29.4 % de los Autodefensas que se hicieron el Antidoping consumían drogas y un 11% tenían antecedentes penales.**

3. **Alrededor de mil doscientos noventa y nueve (1299) Autodefensas sólo estaba interesados en tener un permiso de portación de armas para sus casas y para viajar a otros municipios.**

403 autodefensas aplicaron las pruebas psicológicas pero no el antidoping, existen registros de varios Autodefensas

que se realizaron más de dos veces el antidoping (por ejemplo el grupo especial G-250) presentes en las sedes autodefensas que observaban, más nunca se registraron.

Empresarios y Líderes de algunos municipios estaban presentes, se registraban, más no se realizaban ningún control de confianza.

4. Fuerza Rural Estatal quedo constituida en 18 municipios de Michoacán, una tenencia y una comunidad indígena, que fueron: Tepalcatepec, Buenavista, Aguililla, Coalcomán, Coahuayana, Chinicuila, La Huacana, Churumuco, Paracuaro, Cotija, Periban, Tocumbo, Tancitaro, Los Reyes, Comunidad Indígena de Cherato, Uruapan, Tenencia la Ruana, Aquila, Apatzingán (sólo en la comunidad rural del Alcalde y las bateas 12 integrantes) Paztcúaro.

5. En los meses de Mayo a Junio del 2014, Integraron la Fuerza Rural 876 policías, un 24,9% del total de Autodefensas que aplicó a controles para Fuerza Rural (3516 AD cifra del C3)

6. Para la selección de estos 876 policías de la Fuerza Rural, los controles de confianza fueron aplicados en los municipios, estos fueron Antidoping y Chequeo Médico por el, constituía el primer filtro

El equipo técnico de la Secretaría de Seguridad Pública, con el Secretario técnico, cargo que se encargaba de informarnos de cada lista por municipios, los que tenía antecedentes penales en los últimos 8 y 5 años y de que tipo, este era el segundo filtro.

Calificación de las pruebas psicométricas a cargo de los psicólogos del penal de Tacambaro y Mil cumbres.

Entrevista a profundidad, obervación y/o investigación de tipos de tatuajes, chequeo de antecedentes no penales, aplicación de pruebas psicológicas proyectivas HTP, validación comunitaria, observación de indicadores físicos de adicciones, investigación de nexos con el crimen organizado de los templarios, cuestionario de psicología criminal, investigación de posibles antecedentes penales en, familiares templarios, observación general, halo, validación con informantes claves de cada municipio (casi siempre mujeres) por equipo de la Comisión.

7. CAPACITACIÓN

Se capacitaron en Colombia 11 Comandantes y 7 policías fuerza rural

En la Metodología ESPERE relativa a temas de Perdón y reconciliación, se capacitaron 245 Integrantes de Fuerza Rural por especialistas del proyecto Síntesis.

Profesores de Alto nivel de Colombia y profesores de Warriors, capacitaron en las 5 regiones de Michoacán en temas de Próximidad, Cuadrantes, Uso de la fuerza, Derechos Humanos a 468 integrantes de Fuerza Rural.

La Academia Regional constituyó un espacio de crecimiento para la Fuerza Rural.

8. En Febrero del 2015, 64% de los miembros de Fuerza Rural, habían realizado una segunda evaluación de Control y Confianza en el C3-Morelia.

9. En los municipios de Arteaga, Tumbíscatío, Mújica, Lombardía, Nuevo Urecho, Huetámo, Ario de Rosales, Turícato, Gabriel Zamora, La Piedad,

Apatzingán ciudad, Zamora, no fue posible realizar el reclutamiento y selección por el nivel de infiltración del Crimen organizado.

10. **656 armas largas y 637 cortas, supervisadas y en correspondencia con las credenciales.**

11. **El Grupo especial estuvo constituído por 254 autodefensas, ellos sabían que no eran parte de la Fuerza Rural, nunca fueron parte de la Fuerza Rural, nunca tuvieron CUIP. Se constituyeron como un grupo operativo, dado que muchos de sus integrantes eran extemplarios, se mostraron dispuesto a agarrar a la Tuta y otros templarios, por un período de tres a 6 meses máximo.**

Fue una estrategía de contención, mientras maduraba el proceso de institucionalización. La evolución actual de una parte de este grupo especial era esperada (subgrupos del Boto, Americano y de los Viagras).

12. **Un poco más de 2225 Autodefensas continúan en espera de insertarse laboralmente y de ser indemnizados.**

Supervisiones en Campo, reportes de trabajo, reuniones mensuales

Durante los meses de Febrero a Septiembre del 2015, se implementó un programa de supervisión, capacitación y seguimiento a la Unidad de Fuerza Rural y Fuerza Purépecha.

Reuniones grupales con los líderes de cada municipio, cada bimestre una sede diferente: se realizaron en Morelia, Tepalcatepec, Coalcomán, Los reyes y en Coahuayana la última reunión.

Para el Informes del trabajo se crearon los siguientes indicadores, en esta oportunidad se acompañan de la presencia de los mismos en 5 municipios:

Concentrado de los municipios de Buenavista, Tepalcatepec, Los Reyes, Aguililla y Apatzingán(Alcalde y Bateas)

Indicador 1.- detenidos ebrios o por alterar el orden: 22

Indicador 2.- venta de drogas: 2

Indicador 3.- robos de motos y otros robos: 19.

Indicador 4.- violencia intrafamiliar: 79

Indicador 5.- apoyo a accidentes: 24

Indicador 6.- detenidos por enfrentamientos u otros: 0

Indicador 7.- apoyo a recuperación de camionetas robadas: 0.

Indicador 8.- apoyos a eventos sociales: 54

Indicador 9.- apoyos a centros de recuperación: 17

Indicador 10.- rescate de personas: 2

Indicador 11.- recorridos en localidades: 72 con apoyo de la federal.

Indicador 12.- visitas de funcionarios de Secretaría de Seguridad Pública. 12

Indicador 13.- bajas de elementos: 8

Indicador 14- Otros

Resumen cualitativo de informes

Realizaban análisis de los indicadores, para darse cuenta de los delitos más frecuentes e intentar soluciones

Delitos más frecuentes y los municipios con más incidencia de ellos para este reporte

Delito	Municipio	Variables
Violencia intrafamiliar	Apatzingán	27
	Los reyes	12
	Buenavista	11
	Tepalcatepec	11
Delito	Municipio	Variables
Detenidos ebrios o por alterar el orden	Tepalcatepec	12
	Buenavista	10
Delito	Municipio	Variables
Robos habitación, motos y carros	Tepalcatepec	9
	Los reyes	8
	Buenavista	2

Es notable comentar, la Fuerza Rural es convocada y acude a llamados de apoyo a eventos sociales, accidentes viales, asi como también las gestiones que permiten la puesta de personas en centros de rehabilitación para personas con problemas de alcoholismo o drogadicción, todo el tiempo son convocados.

Indicador	Municipio	Variables
Apoyos a eventos sociales	Tepalcatepec	42
	Buenavista	6
	Los reyes	4

Indicador	Municipio	Variables
Apoyos a accidentes viales	Tepalcatepec	19
	Buenavista	3
	Los reyes	1

Indicador	Municipio	Variables
Apoyos a centros de rehabilitación	Los reyes	11
	Tepalcatepec	4
	Buenavista	2

Indicador	Municipio	Variables
Visita la oficina de funcionarios de la Ssp del estado de Michoacán	Tepalcatepec	10
	Los Reyes	1
	Apatzingán	1

Cómo parte del proceso de atención psicológica, monitoreo y seguimiento de fuerza rural se desarrollaron las siguientes acciones:

1. A cargo del Programa Nacional de Prevención del Delito las Caravanas de Atención Integral implementadas en 16 municipios del estado a las fuerzas rurales, sus familiares lugareños que asistián.
2. Conversatorios para conocer y decodificar sus necesidades sentidas
3. Apoyos de proyectos productivos entregados por la delegación de economía, a través de la delegada Diana.
4. Proyectos de prevención del delito coordinados con SEGOB a través de la Dra Eunice Rendón
5. Pláticas para insertarlos en un proceso contínuo de capacitación

6. Estimulación a ingresar en la enseñanza primaria y secundaria
7. Estimulación a marchar, entrenar y cantar el himno nacional
8. Contínua presencia y acompañamiento para disminuir la sensación de abandono construída en los últimos 17 años
9. Cumplimento de los compromisos y búsqueda conjunta de soluciones a necesidades inmediatas
10. Construcción de credibilidad y confianza

Características de los Municipios que cuentan con la Unidad Fuerza Rural Estatal

Coahuayana Fuerza Rural

Población Total 14,136
Grado de Marginación.....Medio
Número de Autodefensas que se Presentaron al Proceso de Reclutamiento, 71
Estimado de Policía 3x1000 = 42
Número de Elementos de Fuerza Rural, ...40
Consejo Ciudadano de Apoyo a Fuerza Rural
Posibles Proyectos Productivos:
Industrialización del Plátano
Industrialización de la Tilapia
Comercialización de productos del mar
Turismo
Desarrollo de un Aeropuerto
15 Apoyos para Micro-Empresas para Autodefensas y Familiares de Fuerza Rural. (se asignaron, más no llegaron los recursos)

Coahuayana es un municipio hermoso, su mar perfecto, sus pobladores tranquilos, amables y firmes. Durante el proceso de reclutamiento se observó que sólo 5 Autodefensas tenían el antidoping positivo y **ninguno antecedentes** penales en los últimos 8 años.

Este municipio es Liderado por el Comandante Teto, un Comandante querido y seguido por su pueblo, tenaz, con perfil de guerrillero, convencido de que la paz depende de ellos. Ha logrado una unidad y respuesta impresionante en su municipio.

Constituyen el municipio que más propiedades decomisó al Crimen organizado y las puso a disposición de las autoridades de seguridad y locales.

Hace un año que no reciben sus salarios, aún así siguen trabajando y cada cierto tiempo desarrollan acciones para presionar a la Secretaría de Seguridad a que les realicen su pago. Aún sin resultados. Todos los empresarios les apoyan porque ellos mantienen libres de cuotas y extorsiones el municipio.

En una muestra de amor, identidad y solidaridad, cada año el 13 de Enero, celebran un aniversario del asesinato del líder de los Autodefensas Julio Zepeda Navarrete.

La Fuerza Rural de Coahuayana ocupa un lugar especial por su integridad, cada día se enfrentan a las amenazas de templarios que residen en Coire, Pomaro Tecomán y Colima, merecen el reconocimiento y apoyo de las instituciones estatales. Se ganaron un lugar en su pueblo y en su historia.

Aguililla Fuerza Rural

Población Total 16,214
Grado de Marginación.....Medio
Número de Autodefensas que se Presentaron al Proceso de Reclutamiento, 426

Estimado de Policía 3x1000= 49
Número de Elementos de Fuerza Rural............ 79
10 Apoyos para Micro-Empresas para Autodefensas y Familiares
de Fuerza Rural(asignados más no otorgados)

De los Autodefensas de Aguililla, se presentaron a controles de
confianza 302, de los cuales 55 tenían el antidoping positivo y 57
toxicomanía reciente, es decir, **37.08%,** esto amerita una política
de prevención y reducción de daños.

Contradicciones antagónicas entre líderes han afectado
ostensiblemete la tranquilidad del municipio.

Aquila Fuerza Rural

Población Total 23,536
Grado de Marginación.....Muy Alto
Número de Autodefensas que se presentaron al Reclutamiento,
348
Estimado de Policía 3x1000= 70
Número de Elementos de Fuerza Rural............ 18
Proyectos Productivos Deseados :
Industrialización de la Papaya y 10 Apoyos para Micro-Empresas
para Autodefensas y Familiares de Fuerza Rural.

En el municipio de Aquila, existen, cuatro comunidades indígenas
nahuatl: Coiré, Pómaro, Ostula, y San Miguel de **Aquila, todas
en extrema pobreza.**

En estas comunidades solo existen institucionalizados 18 elementos
de fuerza rural porque cuando se hizo la selección existían muchas
contradicciones entre las 4 comunidades indígenas, por lo que se
decidió no crear la fuerza Rural y respetar sus usos y costumbres,

solicitaron a la Comisión la constitución de la fuerza Indígena Nahuatl pero no alcanzó el tiempo ni las condiciones.

De los Autodefensas de Aquila, se presentaron a controles de confianza 176 autodefensas de los cuales 17 tenían el antidoping positivo y 23 toxicomanía reciente, es decir 22.7%, siendo necesario ejecutar acciones de prevención y reducción de daños.

Existen 348 registrados como Autodefensas, se rigen por los mandatos de su Consejo y sus usos y costumbres decretados.

Los comuneros responden en números masivos a cualquier llamado de los miembros del Consejo. Así mismo toman decisiones unánimes sobre la permanencia o no de comuneros.

Al ser un territorio geográficamente irregular, de mucho interés económico por las minas, es previsible, que elementos criminales, se escondan y atenten contra estos comuneros, como lo sucedido en la comunidad de Huahua y Ostula.

Chinicuila Fuerza Rural

Población Total 5, 271
Grado de Marginación.....Alto
Número de Autodefensas que se Presentaron al Reclutamiento 127
Estimado de Policía 3x1000= 16
Número de Elementos de Fuerza Rural............. 21
10 Apoyos para Micro-Empresas para Autodefensas y Familiares de Fuerza Rural.
En Chinicuila se presentaron a controles de confianza 127 Autodefensas, de ellos 12 tenían el antidoping positivo y 18 toxicomanía reciente, representando el 23.6 %.

Es un municipio dividido por las contradicciones y falsas alianzas.

Los Reyes Fuerza Rural

Sus líderes mantienen una postura de unidad y apoyo, es un hermoso municipio, con gente bondadosa, amable y valiente.

- Población Total 64,141

- Grado de Marginación.....Medio

- Número de Autodefensas que se Presentaron al Reclutamiento 305

- Estimado de Policía 3x1000= 192

- Número de Elementos de Fuerza Rural............ 61

- 4 Apoyos para Micro-Empresas para Autodefensas y Familiares de Fuerza Rural.

En los Reyes se presentaron a controles de confianza 247 Autodefensas, de ellos 34 tenían el antidoping positivo y 41 toxicomanía reciente, representando el 30.3 %., requieren estrategias de prevención.

Es un municipio de mucho interés económico para el Crimen Organizado, sus líderes unidos todavía tienen el control del municipio, sin embargo el embate de subgrupos es permanente, necesitan estar alertas.

MUNICIPIO DE COTIJA

Cotija, solo 6 elementos continúan al mando del Comandante Chalino y más de 200 integrantes del pueblo que apoyan y están decididos a todo, para evitar las cuotas, extorsiones, asesinatos y cocinas de drogas en sus montañas.

- Población Total 19,644

- Grado de Marginación....Medio

- Número de Autodefensas que se Presentaron al Reclutamiento24 79

- Estimado de Policía 3x1000= 58

- Número de Elementos de Fuerza Rural............. 27

En Cotija se presentaron a controles de confianza 64 Autodefensas, de ellos 4 tenían el antidoping positivo y 3 toxicomanía reciente, representando el 10.92 %.

Cotija es un municipio hermoso, sus pobladores hablan como las personas de Rancho, con un acento musical y muchas palabras altisonantes, son buenos y graciosos, Firmes y duros.

El bisabuelo del Comandante Chalino (Marcelino del Rio Barragán) fue General de la Revolución Mexicana, incluso una de las calles de Cotija lleva su nombre "General Prudencio Mendoza" de esta extirpe es el Comandante Chalino, un hombre decidido

---

24 No siempre coincide el número de registrados con el número de Autodefensas que se realizaron los controles de confianza, muchas veces algunos estaban presentes pero no se hacían el antidoping

a todo, con el apoyo del pueblo, que es la característica mas importante de este movimiento social.

Cotija, Periban, Tocumbo hicieron un frente unido con Los Reyes, hasta hoy se mantiene esta alianza, que permite que estén más fuertes, ante los continuos embates del crimen organizado, que insiste en volver a ocupar el lugar de 12 años atrás.

Cotija, tiene dos grandes dificultades, es frontera con Jalisco, tiene perdonados de la talla y el poder de "Señas", quíen por más de 10 años se ha dedicado a las cocinas de Metanfetaminas, con poder y dinero, para someter a funcionarios municipales, el hermano de "Señas", andaba con los Autodefensas que detuvieron en La Mira, posiblemente interesados en el puerto de Lázaro Cárdenas,

En este escenario y con el apoyo del pueblo, cada día, el Comandante Chalino lucha por la seguridad, patrulla sus montañas y toma medidas para evadir que lo ultimen por la espalda, como el dice, de frente no pueden.

Once comunitarios, que fueron registrados como Fuerza Rural, se dieron de baja, cuando Jorge Briseñas amenazó con matar a sus familias, sin embargo, continúan contra viento y marea en un bregar contra los obstáculos, contra el abandono del gobierno local (Presidente Municipal) y del Gobierno Estatal.

"El Comandante Chalino, recibió la amenaza directa de Paco Rangel, de inmediato, se fue al territorio de Jalisco, ¡se le puso de frente y le dijo, que me quiere matar, aquí estoy; este le respondió, de veraz que tienes "hue...s", sigue cuidando tu pueblo. Y se fue"

TOCUMBO

- Población Total 11,509

- Grado de Marginación.....Medio

- Número de Autodefensas que se Presentaron al Reclutamiento 33

- Estimado de Policía 3x1000= 35

- Número de Elementos de Fuerza Rural............. 10

Tocumbo es la capital de las paletas de helado de Michoacán, un municipio pintoresco, sus casitas bien pintadas, sus paletas de tan diversos sabores que te sorprende, gente amable y tranquila, no sufrieron tan fuertemente el embate y exterminio que constituyó el Cártel de los Templarios en territorio de Michoacán, pero reaccionaron, con los municipios cercanos para evitar que los que huían se aplatanaran allí.

De los 33 Autodefensas de Tocumbo que se presentaron a controles de confianza, 7 tenían el antidoping positivo y 9 toxicomanía reciente, representando el 48.4 %.

Casi todos los Autodefensas de Tocumbo eran de otros municipios, de los Reyes, Periban, Cotija, Zamora y hasta de Apatzingán, lo que trajo como consecuencia, un mínimo de 10 policías seleccionados como Fuerza Rural, porque además de los controles de confianza comunitarios que se realizaron, era directriz de la estrategia implementada en el marco del trabajo desarrollado por la Comisión de Seguridad y Desarrollo de Michoacán, debían ser originarios del municipio y vivir en él, para poder ser parte de la Fuerza Rural.

Uno de los comunitarios de Tocumbo, llamaba la atención por el sin número de tatuajes que acompañaban su cuerpo. Su platica interesante, nos remonta a los años vividos en Estados Unidos de Norteamérica, donde además de la ilegalidad, vivían acosados por la población local, que siempre les pedían marihuana o cristal, de tal insistencia, que hasta sin tener interés por este comercio ilícito, se interesaban y así sobrevivían. Tenia varios tatuajes de la Guadalupe y otros que le recordaban a sus padres, a su viejo amor, a su hermano muerto de sida y a su Tocumbo. Una platica inteligente, el antidoping positivo y antecedentes penales inferiores a 8 años le impidieron estar dentro de la fuerza rural, a pesar de lo cual no tenia dudas; era un hombre valioso; decidido a defender su pueblo del oprobio y la criminalidad de los templarios.

PERIBAN

- Población Total 25,296

- Grado de Marginación....Bajo

- Número de Autodefensas que se Presentaron al Reclutamiento 100

- Estimado de Policía 3x1000= 75

- Número de Elementos de Fuerza Rural............ 14

- Grupo Especial 17

- 15 Apoyos para Micro-Empresas para Autodefensas y Familiares de Fuerza Rural.

En Periban se presentaron a controles de confianza 29 Autodefensas, de ellos 8 tenían el antidoping positivo y 9 toxicomanía reciente, representando el 58.6 %.

Periban y Baltazar son uno mismo, uno de los primeros en levantarse en armas y defender a su pueblo fue el Comandante Baltazar, quien fue detenido en 2013 y puesto en libertad gracias al trabajo unido de los Autodefensas y la Comisión para la Seguridad y el desarrollo de Michoacán.

Inmediatamente que fue liberado, se puso al mando de su municipio y en unidad con Ponchito el Comandante de Los Reyes,

Periban conserva la unidad con Los Reyes, y se mantiene libre de templarios, siempre están alertas.

Cuando salió en libertad, se tuvo en cuenta su historia en el movimiento de comunitarios, y a pesar, de que tenía antecedentes penales, justo porque había sido detenido por orden de Chucho Reynas, (ex secretario de gobernación de Michoacán, Esos antecedentes penales injustos, no impidieron que fuera la excepción de los 876 integrantes de la Fuerza Rural, el fue el único con antecedentes penales menores a 8 años.

CHERATO COMUNIDAD INDIGENIDA DE LOS REYES

- Es Comunidad Indígena del Municipio de Los Reyes

- Grado de Marginación.....Alto

- Número de Autodefensas que se Presentaron al Reclutamiento 145

- Estimado de Policía 3x1000

- Número de Elementos de Fuerza Rural............ 50

De los 71 Autodefensas de Cherato que se presentaron a controles de confianza solo 3 tenían el antidoping positivo y 6 toxicomanía reciente, representando el 12.6%.

EL TATA, es el líder indiscutible del movimiento comunitario, devenido autodefensas.

En esta comunidad indígena, los primeros signos de maduración subjetiva de la población de comuneros, se avista, cuando se percatan que por el territorio de Cherato, los transportistas sometidos por los templarios, trasladaban toneladas y toneladas de madera preciosa y pinos, tomados a la fuerza de las comunidades indígenas de la meseta purépecha, el segundo signo fue la masacre del 22 de julio del 2013, en los reyes y finalmente el punto decisivo para la respuesta en armas comunitaria, fue el asesinato del comunero y jefe de tenencia Capitán Roberto Serrano

A partir de ese momento Cherato se ha mantenido como un pilar contra los templarios en la región.

URUAPAN

- Población Total 315,350

- Grado de Marginación....Muy Bajo

- Número de Autodefensas que se Presentaron al Reclutamiento 168

- Estimado de Policía 3x1000= 946

- Número de Elementos de Fuerza Rural............ 49

- Líderes de Apoyo a Fuerza Rural

- Grupo Especial 7

En Uruapan se presentaron a controles de confianza 168 autodefensas, de ellos 12 tenían el antidoping positivo y 18 toxicomanía reciente.

Es un municipio muy complejo, siempre un firme objetivo del crimen por ser junto a Tancitaro el corazón del Aguacate.

TANCITARO

- Población Total 29,414

- Grado de Marginación....Medio

- Número de Autodefensas que se Presentaron al Reclutamiento 338

- Estimado de Policía 3x1000= 88

- Número de Elementos de Fuerza Rural............ 99

- 7 Apoyos para Micro-Empresas para Autodefensas y Familiares de Fuerza Rural asignados y no entregados

En Tacitaro se presentaron a controles de confianza 163 Autodefensas, de ellos 12 tenían el antidoping positivo y 11 toxicomanía reciente, representando el 14,1%.

La Huacana y Zicuirán

- Población Total 32,753

- Grado de Marginación.....Alto

- Número de Autodefensas que se Presentaron al Reclutamiento 302

- Estimado de Policía 3x1000= 98

- Número de Elementos de Fuerza Rural............ 35 y 40

- Líderes de Apoyo a Fuerza Rural

- Grupo Especial 19

- Proyectos Productivos:
Procesadora de Melón y 20 Apoyos para Micro-Empresas para Autodefensas y Familiares de Fuerza Rural.

En La Huacana se presentaron 302 Autodefensas a controles de confianza, de ellos 10 tenían el antidoping positivo y 16 toxicomanía reciente.

PÁZTCUARO

- Población Total 87,794

- Grado de Marginación.....Bajo

- Número de Autodefensas que se Presentaron al Reclutamiento 137

- Estimado de Policía 3x1000= 263

- Número de Elementos de Fuerza Rural............ 21

- Consejo Ciudadano de Apoyo a Fuerza Rural

- 5 Apoyos para Micro-Empresas para Autodefensas y Familiares de Fuerza Rural.

Patzcuaro, 137 Autodefensas se evaluaron en controles de confianza, de ellos 25 tenían el antidoping positivo y 31 toxicomanía reciente, representando el 56%. Además 73 eran de otros municipios entre ellos Apatzingán, Huétamo, Buenavista, los que fueron descartados inmediatamente.

CHURUMUCO

- Población Total 14,366

- Grado de Marginación.....Muy Alto

- Número de Autodefensas que se Presentaron al Reclutamiento 78

- Estimado de Policía 3x1000= 43

- Número de Elementos de Fuerza Rural............. 34

- Líderes de Apoyo a Fuerza Rural

- 5 Apoyos para Micro-Empresas para Autodefensas y Familiares de Fuerza Rural.

Churumuco, 78 Autodefensas se evaluaron en controles de confianza, de ellos 6 tenían el antidoping positivo y 4 toxicomanía reciente, representando el 12.8%.

En Churumuco el Comandante mantiene una batalla con los Policías Municipales

PARACUARO

- Población Total 25,343

- Grado de Marginación.....Medio

- Número de Autodefensas que se Presentaron al Reclutamiento 93

- Estimado de Policía 3x1000= 76

- Número de Elementos de Fuerza Rural............ 44

- Consejo Ciudadano de Apoyo a Fuerza Rural

- 10 Apoyos para Micro-Empresas para Autodefensas y Familiares de Fuerza Rural.

En Parácuaro, 93 Autodefensas se evaluaron en controles de confianza, de ellos 4 tenían el antidoping positivo y 7 toxicomanía reciente, representando el 11.8%.

APATZINGAN

- Población Total 123,649

- Grado de Marginación.....Medio

- Número de Autodefensas que se Presentaron al Reclutamiento 521

- Estimado de Policía 3x1000= 370

- Número de Elementos de Fuerza Rural............ 24

- Líderes de Apoyo a Fuerza Rural

- Grupo Especial.........70

- Proyectos Productivos:
Deshidratadora de Frutas y 15 Apoyos para Micro-Empresas para
Autodefensas y Familiares de Fuerza Rural.

En Apatzingán, 324 Autodefensas se evaluaron en controles
de confianza, de ellos 45 tenían el antidoping positivo y 41
toxicomanía reciente, representando el 26.5%, el 53 % tenía nexos
con el Crimen Organizado de los Templarios. Nunca fue posible
constituir aquí a la Fuerza Rural, con excepción de 16 elementos
de la Comunidad rural de el Alcalde y las Bateas.

LA RUANA

- Población Total: Pertenece al Municipio de Buenavista

- Grado de Marginación.....Medio

- Número de Autodefensas que se Presentaron al
Reclutamiento 144

- Estimado de Policía 3x1000

- Número de Elementos de Fuerza Rural............ 46

- Proyectos Productivos :
Empaque e Industrialización del Limón y 7 Apoyos para Micro-Empresas para Autodefensas y Familiares de Fuerza Rural.

En La Ruana 91 Autodefensas se evaluaron en controles de confianza, de ellos 15 tenían el antidoping positivo y 12 toxicomanía reciente, representando el 29.6%.

COALCOMAN

- Población Total 17,615

- Grado de Marginación.....Medio

- Número de Autodefensas que se Presentaron al Reclutamiento 398

- Estimado de Policía 3x1000= 52

- Número de Elementos de Fuerza Rural............. 48

- Líderes de Apoyo a Fuerza Rural

- 9 Apoyos para Micro-Empresas para Autodefensas y Familiares de Fuerza Rural.

En Coalcomán, 214 Autodefensas se evaluaron en controles de confianza, de ellos 18 tenían el antidoping positivo y 19 toxicomanía reciente, representando el 17.2%.

Hoy la Fuerza Rural desapareció y se estableció la Policía Municipal

TEPALCATEPEC

- Población Total 22,987

- Grado de Marginación.....Medio

- Número de Autodefensas que se Presentaron al Reclutamiento 229

- Estimado de Policía 3x1000= 69

- Número de Elementos de Fuerza Rural............ 90

- Consejo Ciudadano de Apoyo a Fuerza Rural

- Proyectos Productivos:
Deshidratadora de Frutas y 20 Apoyos para Micro-Empresas para Autodefensas y Familiares de Fuerza Rural.

En Tepalcatepec, 229 Autodefensas se evaluaron en controles de confianza, de ellos 37 tenían el antidoping positivo y 32 toxicomanía reciente, representando el 30.1%.

BUENAVISTA

- Población Total 42,234

- Grado de Marginación.....Medio

- Número de Autodefensas que se Presentaron al Reclutamiento 492

- Estimado de Policía 3x1000= 126

- Número de Elementos de Fuerza Rural............ 64

En Buenavista 315 Autodefensas se evaluaron en controles de confianza, de ellos 62 tenían el antidoping positivo y 77 toxicomanía reciente, representando el 44.1%. Amerita estrategias de prevención de adicciones, de reconstrucción del tejido social y más

En Buenavista, como resultado de la presión y la guerra entra tres grupos o nuevos cárteles (Americano, Viagras y Boto antes Autodefensas del grupo especial), toda la Fuerza Rural solicitó la baja, algunos emigraron, otros trabajan el limón.

Al respecto el testimonio de Papa Pitufo, ex vocero del movimiento.

"Aún estoy enojado por el Documental Tierra de Cárteles, porque captan al pueblo de Arteaga rechazándonos y especialmente el que protesta es el tío de la Tuta".

Nos hicimos autodefensas, no por ser jefes de plazas, sino por liberarnos del crimen organizado, nos tenían sometidos, estábamos cansados de compartir el sustento de las familias con los criminales, tenían controlado el precio porque ellos compraban todos los frutos, para luego revenderlos, por ejemplo, compraban a 18 y lo revendía a 30 -58 pesos el kilo. El precio del sorgo, el maíz, el arroz, la tortilla y la carne ellos lo decidían, por ejemplo decían, hoy se va a vender el kilo de carne, "a tanto" y así se vendía, "aguas si estas en desacuerdo"

La finalidad del "Chayo" era controlarlo todo todo. A nivel federal el puso senadores, puso a Fausto Vallejo como gobernador, su mayor aspiración era independizar a Michoacán y hacer de michoacán su país. Nunca lo conocí, pero si se confirmó que estaba muerto, ahora si lo abatieron.

Los Templarios acaparaban todo lo que generaba recursos, eran los dueños de las minas, de los bancos de arena, ponían a los Presidentes Municipales para participar libres y disponer de los presupuestos municipales.

Si algún ciudadano queria participar en la contienda electoral, tenían que mandarle un escrito al Chayo, expresar su respeto y pedirle permiso y autorizo. Si te decían que no, ahí murió, entiendes, se acabo o te matan.

Lo que afectó al movimiento Autodefensas en Buenavista, Apatzingán y Aguilla fue que **Muchos tenían otros intereses,** *sus propios intereses,* **pero eso lo sabes después;** *no antes. Esa fue mi tristeza, yo puse mucho de mi dinero. Siempre actué para evitar un enfrentamiento y cuando no pudo ser les dije a todos adios, - Dios los bendiga-*

El pueblo en sí, cuando no se afecta, no interviene. Por ejemplo antes los narcotraficantes no sometían al pueblo y si las policías preguntaban por ellos, negaban cualquier información. Hay pueblitos tan pobres, que viven de las ayudas de los narcos, incluso familias que siembran pequeñas parcelas de marihuana, para venderlas y con eso comer el año entero, eso aquí es común.

El problema es cuando inician **las cuotas,** *por cualquier cosa por tener una zapatería, llegó el momento que iban a empezar a cobrar por tener casa o coche, en el fondo no podías ni mirarles a los ojos porque te gritaba,* **"que me vez",** *el pueblo empezó a perder el miedo y a levantarse.*

El "chayo" oprimió a todos *y de muchas maneras,* **abusaba hasta de las mujeres** *o incluso muchas mujeres deseaban buscar a los templarios porque tenían dinero y poder en ese punto llego el tema. Es más por cualquier cosa decían voy hablar con el "chayo".*

Yo toda mi vida he luchado para defender al pueblo, aunque haya gente que no lo entienda y otros hasta me presionan. La verdad que mi municipio (Buenavista) esta muy mal, dividido en muchos grupos. Se te va muriendo la moral yo, José el burro y otros. **dijimos a tiempo que indemnicen a los autodefensas,** *se quedaron pérdidos.*

No hubiera pasado lo de hoy

La fuerza rural se hizo para proteger y salvaguardar al pueblo. Pero en Buenavista y en Apatzingán no se puede trabajar.

Yo vivo en una zona peligrosa sigo viviendo en frontera, más me dicen, que si soy Viagra, otros que soy Americano, pero **yo soy amigo de todos,** *porque luchamos juntos y me retire y me vine a trabajar mis limones y como policía rural.*

Luchamos por la libertad de nuestros pueblos.

Todos los Autodefensas, cuando digo todos, digo todos, los Autodefensas auténticos, liderados por Tepalcatepec, Coahuyana, Huacana, Churumuco, Los Reyes, Periban, COTIJA, TOCUMBO, CHERATO, TANCITARO ..., los perdonados del grupo especial, los express de Zamora, los autodefensas nocturnos de Uruapan, todos respetuosos, amigables cooperadores, nos permitieron trabajar, en aquellas circunstancias aceptaron los resultados, contentos los que quedaron en Fuerza Rural, no contentos más del 70%, que no quedó seleccionado, tranquilos los que no querían pertenecer y solo esperaban un permiso de portación de armas de la SEDENA.

Todos esperaban otra oportunidad, sobre todo una oportunidad laboral, necesitaban mantener a sus familias y tener un lugar en sus pueblos.

Las reuniones de Fuerza Rural Estatal, se convirtieron en un espacio técnico de aprendizajes y convivencia

Esta reunión se realizó en Coahuayana, allí recibimos la hospitalidad y bondad de los Coahuayanos.

Cada mes se celebraba en un municipio diferente.

Acudían los Comandantes de Fuerza Rural de cada municipio, tenencia o comunidad indígena.

DIVERSIDAD DE FUERZA RURAL

DIVERSIDAD DE AUTODEFENSAS

A la Fuerza Rural, le toco una tarea muy difícil e invisible, luchar contra los prejuicios sociales, dado que eran gente humilde, apenas con primaria trunca, sin estudios para policías, y en el imaginario social las costumbres y los estereotipos juegan tal papel estructurarte, de esta manera que lo que no es común o frecuente esta mal.

Por si los estereotipos fueran pocos aparecian fuerzas rurales por todos lados, se mandaban a hacer el uniforme en Apatzingán y se ubicaban en varios puntos, lo mismo pasaba en Uruapan en Cherangueran, estos aún más creativos.

Resulta que las noticias informaban que elementos de la Fuerza Rural de Uruapan, en las noches, en la gasolinera de Cheranguerán, detenían el tránsito, revisaban, etc

Un equipo a cargo visitó este lugar a las 11 de la noche, la sorpresa fue que encontró a un grupo de Autodefensas, con uniforme beis y logo de fuerza rural, ellos contaron que se los mandaron a confeccionar, porque supieron que el siguiente uniforme de FR sería beis, ellos, refirieron, debían cuidar esta entrada de Uruapan.

Algo similar sucedió en Zamora, presentaron varias exigencias a la Secretaría de Seguridad porque alli no se había hecho reclutamiento, cuando el equipo acudió, a la pregunta de cuanto hace que eran autodefensas la repuesta era desde un día a una semana el que más tiempo, y los motivos de estos autodefensas express variaban desde no tengo trabajo, mi mujer me dejó, mi amigo era autodefensa y les estan pagando bien, etc.

En Huetámo se dio otra circunstancia, atrincherados en varias barricadas con camisetas de Autodefensas, al solicitarles identificación, los IFE (documentos de identidad eran de estados foráneos) desde Jalisco, Sinaloa etc. Increíble pero cierto.

Esta cirscunstancia pero a mayor escala, se repetía en Apatzingán, donde estos falsos Autodefensas unidos a subgrupos del grupo especial, empezaron a extorsionar, secuestrar, robar coches y luchar entre ellos por las plazas. Que se repitiera la intención de las plazas y las prácticas templarias, es esperado. Se necesitarán años para arrancar de raíz las viejas y malas prácticas y crear un nuevo tejido social.

Absolutamente todos en Michoacán, deberían estar alertar de no reproducir los mismos comportamientos criminales, en menor o en mayor escala.

ALGUNAS NOTAS DE CAMPO DEL RECLUTAMIENTO

15 de Abril del 2014

TEPALCATEPEC

El 15 de Abril del 2014, se realizó el primer proceso de reclutamiento a los Autodefensas de Tepalcatepec.

Ese día se presentaron 257 Autodefensas, de ellos 101 se registraron sólo para recibir un permiso de portación de armas de la SEDENA, entonces se les explicaba que la SEDENA realizaría este registro, algo que posteriormente se realizó. Con la intención de pasar los controles para fuerza rural se registraron 156, llevaban su IFE y copia del comprobante de domicilio y sus armas

La explicación incluía las siguientes especificaciones

Estamos aquí por instrucción del Comisionado y nuestro trabajo será aprender de ustedes, respetarlos, apoyarlos y elegir a los que cumplan con los siguientes requisitos para ser parte de la fuerza Rural, todas las veces que sean necesarias responderemos a sus preguntas, aquí estamos, no duden en preguntar.

Deben saber que

1. Se realizarán controles por los compañeros del C3, que están por llegar (llegaron 3 horas después, demoraron una hora en armar los equipos y a las 2 horas pararon porque tenían hambre, luego empezaron a identificar obstáculos al calor, a la cantidad de gente, etc.).

2. Se analizarán si tienen antecedentes penales de los últimos 8 años (no elegible)

3. Se realizará antidoping (antidoping positivo no elegible, ni toxicomanía reciente)

4. Si la dirección de su IFE es de otro municipio no podrán registrarse aunque hayan sido Autodefensas de ese municipio

5. Si tienen antecedentes penales recientes en EUA

6. En las entrevistas se tendrá en cuenta si tienen Tatuajes, tipos, significado y entorno y si tiene nexos con el cártel de los templarios.

7. Si es adolescente no puede hacer ningún control, no importa la experiencia que tenga en las armas, no aplica

8. Policías municipales, no aplican

9. Personas vinculadas al cártel de los caballeros templarios, no aplican

10. Si no tienes IFE, no aplicas, si lo estas tramitando y tienes copia del trámite, aplicas, pero los resultados no se entregan sin IFE.

En este municipio que fue el primero, habían muchos que eran como observadores externos, luego los seguimos viendo en otros municipios.

A las 4 de la tarde, los compañeros del C3, debían irse, porque debían trasladar las muestras de sangre de los antidoping y llegar a Morelia, referían que era arriesgado.

Todos se hicieron el antidoping, pero las pruebas psicológicas, las entrevistas psicosocial, el polígrafo, la entrega de documentos (cuentas, títulos de propiedades, seguro etc.) apenas 15

Me reuní con el equipo del C3, para saber de cuantos días se trataba, ellos calcularon que como 5 días sólo para Tepalcatepec, quede pensando…. Y se fueron.

No llegaron el miércoles 16, porque los días 17 y 18 correspondían a la semana santa, "piense y piense", día 10 de mayo, debían estar los primeros institucionalizados..

Tampoco llegaron los Autodefensas,

21 de Abril del 2014
Tepalcatepec
….Continuación

Se realizan los controles de los Autodefensas que faltaban.

Se termina a las 7pm

23 de Abril del 2014
Coalcomán
Se presentan 51 Autodefensas de Coalcomán y 16 de Tepalcatepec

Se repite la misma consigna, se saluda personalmente a todos los presentes y se platica de la experiencia Autodefensa, mientras llegan los compañeros del C3,

Iniciamos los controles de confianza con los compañeros del C3,

Se avanza

De pronto son las 3 y un poco de la tarde, y se levanta muy enojado un Médico joven del C3, señalaba que era una falta de respeto que ni comida le hubiésemos brindado, que de que se trataba, que nosotros lo de la Federación teníamos otras condiciones etc, etc, etc,

Rápido les dije, los que necesiten comer, vayan a comer, o permitan que le consiga algo, los otros seguimos trabajando. Usted médico está muy joven, pensé que aguantaba más, y salí a ver el tema de la comida, la verdad no habían comido, los demás ni cuenta de comer.

A las cuatro se fueron, se quedaron pendientes varios Autodefensas de Coalcomán, seguía pensando…

Mientras ellos aplicaban sus controles, realizaba la entrevista, temas como los tatuajes, los templarios, su familia, sus hijos, cuanto tiempo tenían como Autodefensas, si consumían drogas, cuando fue la última vez, que tipos de tatuajes, en que circunstancias se lo hicieron, si estuvieron privados de libertad, porque, cuanto tiempo, donde, de que vivía la gente en Coalcomán, que hicieron los criminales en su municipio. Les preguntaba también sobre las mil marcas que "traen en el cuello" siempre, eso les gustaba, se reían y se iban acercando. Platicaban todo con fluidez y gusto. *"Era fácil para ellos decir, que sólo fumaban marihuana, drogas no, y que no siempre los sábados y así"*. Yo anotaba

23 de Abril del 2014

Tancitaro

Cuando llegamos había un mar de hombres.

El equipo del C3, llego a buena hora, el Dr Chagolla y la Lic. en Psicología Laura, hicieron equipo gracias a la coordinación del Lic Rodolfo Limón Director del C3, a partir de ese día, estuvo todo el tiempo apoyando el reclutamiento de fuerza Rural, gracias a su apoyo se avanzo ostensiblemente.

Mientras organizaba el C3,

Le explicaba a los compañeros presentes, lo mismo y más que cuando estuvimos en Tepalcatepec,

Estamos aquí por instrucción del Comisionado y nuestro trabajo será aprender de ustedes, respetarlos, apoyarlos y elegir a los que cumplan con los siguientes requisitos para ser parte de la fuerza Rural, todas las veces que sean necesarias responderemos a sus preguntas, aquí estamos, no duden en preguntar.

Deben saber que

1. Se realizaran controles por los compañeros del C3.
2. Se analizaran si tienen antecedentes penales de los últimos 8 años(no elegible)
3. Se realizará antidoping (antidoping positivo no elegible)
4. Si la dirección de su ife es de otro municipio no podrán registrarse aunque hayan sido Autodefensas de ese municipio
5. Si tienen antecedentes penales recientes en EUA

6. Los Tatuajes, nexos con el cártel de los templarios, se entrevistarán
7. Si es adolescente no puede hacer ningún control, no importa la experiencia que tenga en las armas, no aplica
8. Policías municipales, no aplican
9. Personas vinculadas al cártel de los caballeros templarios, no aplican
10. Si no tienes IFE, no aplicas, si lo estas tramitando y tienes copia del tramite, aplicas, pero los resultados no se entregan sin IFE.

Luego venia el saludo, la mano, un placer, un placer, y a sí, a todos, ESTRECHABAMOS laS manoS a todos. Esa era una rutina, para encuadrar la tarea .

De momento empieza a gritar un Señor, como de 37 años, todos hacen silencio, el dice, **"que todo lo que acontecería allí era una farsa, que el Gobierno los traicionaría, que no constituirían ninguna fuerza rural, que estaban ganando tiempo para engañarles y quien sabe que más".**

Decía, ustedes miren, ni credencial traen, todo es una gran mentira.

Para hacer corto el relato, puedo decir, que solo se registraron 8 personas en tancitaro, para esto, estaba a cargo Héctor Bucio, no pudo contralar la situación,

Todos los demás, mas de 300, empezaron a murmurar, a mirar...les digo a los del C3, RECOJAN RÁPIDO TODO..

Eran las 10.44am, había tiempo, *llamo a Poncho, el líder Autodefensa, le pregunto si podemos adelantar el reclutamiento allí, aquí la esperamos oiga con los brazos abiertos oiga, esa frase, en ese momento fue un aliciente para el trabajo y para allá nos fuimos.*

Una hora de camino...

Los del C3, Maria Luisa, escoltas, el Lic. Rodolfo Limón, autorizó sin dificultad que se movieran los compañeros del C3,

La misma rutina, se explicaba, se saludaba persona a persona

Y empezábamos

Los Reyes

Los Reyes fue el primer municipio que se mostró menos tenso, más amable, ese día terminamos a las 9 de la noche, y se reclutaron 109 autodefensas.

Los Reyes, Peribán y Santa Clara todos aplicaron para Fuerza Rural

Nos fuimos a dormir a Tepalcaltepec, era nuestro refugio, siempre o casi siempre dormíamos allí, con bichos, sábanas amarillas, frente a la ganadera, pero tranquilas.

24 de Abril 2014
Páztcuaro,

Presentes 137 Autodefensas

La misma rutina de explicar y saludar, *pero los Autodefensas que estaban allí, se veían diferentes, los tatuajes por ejemplo ya eran muy visibles, muchos, más diversos, las uñas sucias y pintadas, la mirada esquiva, dispersos, fueron llegando de grupitos de 3 ó 5*

Muy diferentes al consejo ciudadano que nos recibió, con el Sr. Jesús Valencia, un carismático y amable señor, que había sido Presidente Municipal años atrás y otros distinguidos Patzcuerenses.

Este día no pudieron llegar los del C3, y fue buenísimo, porque le realizamos las entrevistas, y les pedimos los IFE, sus copias

Resultó que todos los Autodefensas que estaban allí, eran de Apatzingán, Huetamo, Lombardía, Buenavista, nadie de Páztcuaro En ese momento, pedimos una reunión a parte con el Consejo y nos retiramos al fondo del salón, 5 integrantes del Consejo, platicamos, que paso de que se trata, quienes son, informan que era gente del Americano y del Negro(un hermano Sierra Santana, Viagra)…

Informo a todos que ese proceso no continuaría porque no cumplen con el criterio de pertener al muncipio, y los invito a que se incorporen a al reclutamiento según donde viven..

Esta fue una de las 4 veces que se hizo el reclutamiento en Páztcuaro.

25 de Abril

Aguililla

Llegar a Aguilla es complicado, la carretera es angosta, muchas curvas, camiones cargados de mineral a alta velocidad. Llegamos a la unidad deportiva

El equipo del C3 se organizó en el estadio de futbol y a unos 15 metros estaba la oficina de los Autodefensas con un amplio espacio, presentes 188 Autodefensas, ningún líder, ni Don Pancho, ni Sapiens, ni Frutos.

Estan reunidos todos, también aquí llama la atención el perfil de los Autodefensas, es evidente que algunos tomaron un poco de licor tempranito, están eufóricos, otros con miradas bonitas y otros topados de marihuana, pero topados, sin dudas.

En ese escenario, sin lideres, de pronto, llegan 4 armados con AK-47, echaron pa tras y pa lante el gatillo, y dijeron, es mentira, nos están engañando, dicen los que están allí, (los del C3), que es por gusto este proceso, que nadie va a quedar.

Tensión total, estamos allí con Ticha y dos escoltas que estaban listos, siempre estaban listos…

Rápido le echo el ojo al que grita, buscando por donde puedo entrarle, lo veo delgado y topado de marihuana, y viene a mi mente que la marihuana conecta con la hormona de la alegría la dopamina (ese pensamiento me da unos segundos), pienso y pienso, es bueno decir que naturalmente hablaba alto, pero esta vez, hable muy bajo, a propósito.

Bien bajito, le digo, acérquese <u>Comandante25,</u> acérquese por favor, véame a los ojos, aquel como perdido, míreme bien la cara… ya .. me va a ver muchas veces por aquí, entonces tendrá tiempo para decir, si es verdad o es mentira. Le quedo claro.

Ahora, vamos allá, donde usted dice que afirmaron que era una falsa. Me fui con ellos.

Efectivamente, una de las químicas del C3, que ellos señalaron, les había dicho que no se hicieran los análisis, que nadie quedaría dentro de Fuerza Rural, ya no podía seguir pensando sobre el C3, era preciso decirle al Comisionado.

Le dije o le escribi,

La mayoría de los especialista que vienen del C3, tienen una actitud hostil hacia los Autodefensas, racista, los subvaloran,

No tienen compromiso con la tarea,

No están acostumbrados a trabajar cierta cantidad de horas, no pueden pasar ni un ratico la hora de comer, y solo anhelan la oficina

Con esta actitud, los resultados serán muy negativos

Propongo que solo hagan el antidoping y el chequeo médico, nosotros hacemos las pruebas proyectivas, entrevista, observación de campo, tatuajes y información cruzada con informantes claves, líderes o mujeres y hombres sabios de los muncipios que no aplicaban a fuerza rural.

---

[25] Les decía Comandante, oiga Comandante, por favor Comandante, y así, tal vez por el Comandante de mi Cuba, no lo sé.

De nuevo el Lic Rodolfo Limón, buscó los mejores del C3, quienes finalmente compartieron con agrado la tarea y con apego. Hicimos con ellos un buen equipo.

Este equipo creció a partir de ese día, los escoltas Meraz Barrangan y Melchor Santoyo muy valiosos, cuidaban y aplicaban los dibujos, con las instrucciones que aprendieron en la noche, Karen Paola, Alejandra Belmont, Maria Luisa y Chio se sumaron, hacían de todo, fueron compañeras valiosas entregadas, organizadas, rápidamente avanzamos, divididas en dos grupos, cada grupo, atendía un un municipio diferente

Entonces el número de Autodefensas que asistía a los reclutamientos empezó a duplicarse, llegaban de todos lados,

Sábado 26 de Abril 2014

Segunda vez en Coalcomán

Presentes 149 Autodefensas de las zonas más alejadas como barranca seca,

También 52 de Tepalcatepec

5 DE MAYO DE 2014 COSTA MICHOACANA

AQUILA 348 Autodefensas, al frente Semey

COAHUAYANA 71, al frente el Comandante Zepeda, fue el municipio más tranquilo y amable,

CHINICUILA 43, al frente el profesor Esteban Marmolejo

En general los líderes de la costa, crearon las mejores condiciones, allí siempre trabajamos a gusto, Coahuayana se convirtió en el segundo refugio.

Martes 6 de Mayo Buenavista Tomatlán

Buenavista presentaba un nuevo tipo de diversidad, por un lado los Autodefensas del Americano, algunos parecían estrellas de rock, otros como el hombre invisible, los de José el Burro eran sus trabajadores de las parcelas y sus primos, aún la diversidad, todos se acoplaban y nos ayudaban a trabajar, se reían de los dibujos proyectivos, como si aquello fuera un juego de niños para sus manos ásperas.

El Americano, siempre observaba y estaba tranquilo a penas hablaba, Filo era insistente y tenaz, José el Burro era otra estrella de cine, siempre glamuroso, con relojes espectáculares, zapatos bien limpios, él y Papá Pitufo, siempre fueron negociadores, les toco una posición difícil, pero su acitud era de ayuda, de apoyo, nos ayudaron a trabajar.

481 Autodefensas líderes Americano, Filo, Papá Pitufo, José el Burro

Buenavista, 144 para fuerza rural, 219 autodefensas sólo para portación de armas

Jucutacato 17

San juan nuevo 78

Áreo de Rosales 23

Miércoles 7 de Mayo 2014

Caletas un equipo, imposible llegar, emboscada

Parácuaro otro equipo 44 Autodefensas, Comandante Mauro Coira al frente

8 de MAYO DEL 2014

187

CHERATO 73

TANCITARO (segunda vez) 348 Autodefensas, Hector Bucio, al frente

Uruapan 114 Autodefensas, Luis Bucio, al frente

Ahora Tancitaro, presionaba y presionaba por el reclutamiento, la respuesta allí fue masiva.

14 de Mayo 2014
APATZINGAN
548
200 CCristos
348 Autodefensas

Zicuiran. Huacana, Ingeniero Ulises al frente, otro negociador siempre dispuesto a ayudar, apoyar

Huacana 168
Churumuco 52
Nueva Italia 114

Y así el 4 Agosto del 2014, para esta fecha, según reporte del C3, de **3512** Autodefensas se habían realizado al menos el antidoping y chequeo médico.

Reporte de SEDENA más de 5000 Autodefensas, registraron sus armas para permiso de portación en casa.

Todavía el proceso continúo…

Reclutamiento en Apatzingán

AQUILA

Parácuaro

Cherato

171

Comandantes de Fuerza Rural

ESTRATEGIA FEDERAL

Imágenes del Acto de presentación de la Fuerza Rural

Equipo de trabajo de la Secretaría de Seguridad de Michoacán

CAPITULO 5

GRUPO ESPECIAL G-250

Perdonados, Todo mezclado

El grupo especial fue y es un gran reto. Nos obliga a crear nuevos paradigmas, nos impulsa a abrir el continuo del comportamiento humano en circunstancias anómalas.

El grupo especial sitúa la necesidad de dar nuevas y diferentes oportunidades de reinserción social, de reconstruir lo más dañado del tejido social.

Siempre que pienso en ellos, recuerdo el libro Cien Años de Soledad, recuerdo que Aureliano, organiza un ejército, se autonombra Coronel y se va a luchar contra los conservadores, en el transcurso de veinte años participa en treinta y dos guerras civiles, que perderá indefectiblemente debido a la tristeza que le embarga, por lo que al final, cansado, firma la paz y regresa a Macondo.

Cuestionado por un sobordinado y amigo, que se negaba a la firma del acuerdo de paz, dijo:

¡ A caso tu sabes porque estas en la guerra ¡

En algún momento del libro relata como uno de sus hombres esta en la guerra para ocultarse de la justicia, otro porque lo abandonó su mujer, otro por seguir a sus familiares que se alistaron, y así, motivaciones tan diversas y tan alejadas de la guerra, como diverso es el ser humano. Michoacán me recuerda a Macondo por su inmensa soledad. Y al grupo especial por su diversidad de motivaciones e intereses.

El grupo especial, fue una consecuencia natural de la fractura entre Autodefensas legítimos y Autodefensas mezclados, una propuesta Liderada por el Gordo de los Víagras Nicolas Sierra Santana, el Americano Luis Antonio Torres, el Comandante 5, con el apoyo de Papa Pitufo y José el burro. Con el objetivo, en ese momento, de *apoyar a la policía estatal en la búsqueda de criminales templarios en la sierra.*

Creado para 3 meses de intervención en la sierra, también se le realizaron exámenes y se les informo que no podían formar parte de fuerza rural, y que su período era como acordado, hasta Agosto 2014, se extendió 6 meses más.

El Gordo de los Víagras y sus hermanos fueron los primeros perdonados que tuvo el movimiento comunitario de Buenavista, específicamente por Simón el Americano, quién primero los integro a su grupo, recibió armas potentes y dinero y después se separaron y el Americano le devolvió las armas.

El Gordo de los VIAGRAS, afirmaba que tenía todas las posibilidades de agarrar a la tuta, y a otros templarios, de los cuales tenía ubicación, o conocía sus posibles movimientos y red de apoyo, posteriormente en carta de la Tuta, se supo, que efectivamente la tuta los había declarado traidores y que además esperaba encargarse personalmente de ellos, así como del resto de Autodefensas.

Así surgió el grupo especial. Casi todos los que formaron el grupo especial, habían pasado los controles que realizamos para Fuerza Rural y ninguno había aprobado los controles, unos por antecedentes penales en los últimos 5 años, otros por antidoping positivo, otros por formar parte de pandillas en EUA, otros por tener claros nexos con el Crimen organizado. 33 integrantes del grupo especial, estaban por motivos personales como el coraje de la muerte de familiares y el interés de darles duros a los templarios.

Este grupo estaba dividido en subgrupos de el Gordo Viagra Sierra Santana, El de La sopa Aguada Sierra Santana, el de la Teresa Viagra Sierra Santana, El Americano y El Botox.

Reventaron un sinnúmero de casas y bodegas de los Templarios en Apatzingán, Nueva Italia y otros municipios, pertrechándose de camionetas, coches de lujo, armamentos y dinero.

El grupo, nos informaron, había sido constituido como un grupo operativo con vigencia de tres meses, su único objetivo y meta era terminar de detener al resto de los capos templarios y lugarteniente que aún estaban escondidos en la Sierra.

Y así empezaron, se fueron a la Sierra, varios días, y bajaron desaliñados y cansados, se volvieron a ir, y de nuevo bajaron desaliñados y agotados, esta vez decían que habían pasado hambre y frio.

Luego empezaron a trabajar en Apatzingán y fue cuando la población empezó a señalarlos y temerles. Seguramente no fueron todos, algunos, pero fue suficiente para un pueblo agotado de tantas extorsiones. Esta primera falla en Apatzingán, afectó mucho la imagen de la tarea federal, incluso, a partir de ese momento, solo se hablaba de ellos, incluso se identificaban como Fuerza Rural, pero no lo eran.

Si tuvieron el apoyo de la Comisión, hasta que sus acciones demostraron otros intereses. Se fraccionaron hasta quedar enfrentados la gente del Americano y la de los Viagras. Resulto en una fractura no recuperable y de inmediato, cambiaron sus prioridades y rompieron la alianza con el gobierno.

Ese día del de agosto antes del 14 de agosto que era la fecha determinada para terminar las funciones del grupo especial, nos vimos en Apatzingán, allí coincidieron los miembros del grupo especial 254.

Ese día se dio una situación de presión, hasta ese momento inusual, el "Boto" con su gente primero, y luego el Americano con sus seguidores, presionaron para que los integrarán a la Fuerza Rural, les pagarán sus salarios,o en ese momento, nos entregarían las armas y ya no buscarían a la Tuta, ni a otros templarios. Insistían en que los compañeros que consumían drogas, eran los mejores para el combate y que por tanto, con el antidoping positivo o no, todos debían ser integrados a la fuerza rural, porque, decían ellos habían luchado mucho buscando a la "Tuta" hasta las montañas y se lo merecían, que los habíamos engañado…

Les avisé que iba llamar al Comisionado y así lo hice, pusimos una mesa delante para protegernos un poco, estamos un poco nerviosa porque ellos estaban forcejeando con sus armas, sus rostros muy endurecidos.

Llamé al Comisionado Alfredo Castillo, decir, que se mantenía absolutamente atento a lo que pasaba en Tierra Caliente, y disponible al teléfono, "le dije Comisionado hay mucha presión aquí, la gente del BOTO y la gente del Americano están diciendo que les paguemos y que tienen que estar en Fuerza Rural.

El Comisionado, de inmediato envío personal de la Secretaría, al Subsecretario, que controló la situación, continuó con las armas y en el Grupo Especial.

En honor a la verdad, el Americano, el Viagra Nicolas, Comandante 5, nos trataban con respeto, excepto el día que el BOTO se puso agresivo, siempre fueron amables, nos permitieron trabajar, aceptaban los resultados de los controles y se los volvían a hacer, realmente fueron peligrosamente amables.

Se les realizaron los controles de confianza en 5 oportunidades, porque nunca coincidían todos y siempre faltaban integrantes, pero algunos líderes con el Americano, el Gordo de los Víagras, el Comandante 5, ellos se lo hicieron tres veces, lo hacían para que sus hombres los siguieran, y los seguían, así pasaba siempre.

Los siguientes indicadores y resultados de los controles de confianza, permiten tener una idea o perfil de los Autodefensas que integraban el grupo especial

MUNICIPIO DE BUENAVISTA

BUENAVISTA

LÍDER : SIMÓN EL AMERICANO, EL BOTO

114 INTEGRANTES DEL GRUPO ESPECIAL G-254

49 CON TOXICOMANÍA

8 ADOLESCENTES (A LOS ADOLESCENTES SE LES INSTRUÍA SOBRE OPCIONES EDUCATIVAS, NO PODÍAN REALIZAR LOS CONTROLES DE CONFIANZA, POR LA EDAD)

23 CON ANTECEDENTES PENALES EN MÉXICO

12 CON ANTECEDENTES PENALES EN EUA

37 CON NEXOS CON EL CRIMEN ORGANIZADO

84 NO APTOS PSICOLÓGICOS

NIVEL EDUCACIONAL: 81% PRIMARIA TRUNCA

ALGUNAS PROYECCIONES PSICOLÓGICAS DE INTEGRANTES DEL GRUPO ESPECIAL MUNICIPIO BUENAVISTA, SELECCIONADOS AL AZAR:

PARA LOS DIBUJOS DE ÁRBOL, CASA Y PERSONA

Las fortalezas de la personalidad, la relación con la realidad, la fantasía, la familia y el control de impulsos, se buscaba en estos de los controles de confianza: en la entrevista, en el cuestionario de psicología criminal aplicado a todos y en el test proyectivo HTP, dibujo de la casa, el árbol y persona.

En particular en el test HTP, se tienen en cuenta una lista de indicadores para la interpretación alguno de estos son:

✓ Rasgos normales que incluye el Tiempo, borrones, simetría, la actitud ante la instrucción
✓ Observaciones Generales
✓ Proporción
✓ Perspectiva/ Ubicación si está el dibujo en la izquierda de la página, al centro o a la derecha
✓ Rotación
✓ Márgenes
✓ Detalles
✓ Detalles esenciales
✓ Detalles no esenciales
✓ Detalles irrelevantes
✓ Detalles extravagantes
✓ Calidad de la línea
✓ Dimensionalidad de los detalles
✓ Secuencia de los detalles

Que se obtuvo al calificar algunos dibujos de los Autodefensas del
Grupo especial de Buenavista :

Preocupación por sí mismos

Rumiación sobre el pasado

Impulsividad

Necesidad de gratificación inmediata

Inseguridad

Indecisión, miedo, yo débil

Preocupación sexual

Desamparo

Pérdida de la autonomía

Aislamiento

Dependencia

Suspicacia

Defensividad

Aflicción extrema

Inadecuación

Evitación de ambiente

Falta de afecto en el hogar

Ansiedad

Lucha no realista

Inmadurez

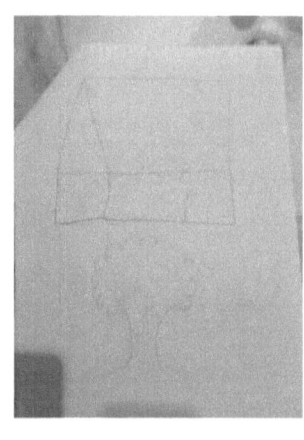

APATZINGÁN

LÍDER : GORDO DE LOS VIAGRAS, SUS HERMANOS Y EL COMANDANTE 5

52 INTEGRANTES DEL GRUPO ESPECIAL G-254 EVALUADOS EN ESTE CORTE

27 CON TOXICOMANÍA

8 ADOLESCENTES (A LOS ADOLESCENTES SE LES INSTRUÍA SOBRE OPCIONES EDUCATIVAS, NO PODÍAN REALIZAR LOS CONTROLES DE CONFIANZA, POR LA EDAD)

33 CON NEXOS CON EL CRIMEN ORGANIZADO

8 CON ANTECEDENTES PENALES EN EUA

71 NO APTOS PSICOLÓGICOS

NIVEL EDUCACIONAL: 76.9% PRIMARIA TRUNCA

ALGUNAS PROYECCIONES PSICOLÓGICAS DE INTEGRANTES DEL GRUPO ESPECIAL MUNICIPIO APATZINGAN, SELECCIONADOS AL AZAR:

PARA LOS DIBUJOS DE ÁRBOL, CASA Y PERSONA

- ✓ Necesidad de apoyo
- ✓ Tensión
- ✓ Ansiedad
- ✓ Pérdida del control
- ✓ Labilidad

- ✓ Aislamiento
- ✓ Hostilidad
- ✓ Paranoia
- ✓ Poco contacto con la realidad
- ✓ Inadecuación
- ✓ Agresión oral
- ✓ Posible depresión
- ✓ Explosividad
- ✓ Rígidez
- ✓ Preocupación sexual
- ✓ Agresión
- ✓ Suspicacia
- ✓ Fantasía
- ✓ Culpa
- ✓ Organicidad
- ✓ Predomina hemisferio izquierdo (pocos afectos, fríos)
- ✓ Necesidad de gratificación inmediata
- ✓ Inaccesibilidad
- ✓ Ambivalencia social
- ✓ Ataque
- ✓ Reticencia

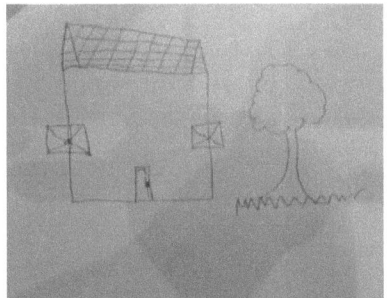

ARTEAGA

LÍDER: LA TERESA O HORMIGA DE LOS VIAGRAS Y TAFOLLA

22 INTEGRANTES DEL GRUPO ESPECIAL G-254 EVALUADOS EN ESTE CORTE

3 CON TOXICOMANÍA

13 CON ANTECEDENTES PENALES EN MÉXICO

2 CON ANTECEDENTES PENALES EN EUA

20 NO APTOS PSICOLÓGICOS

NIVEL EDUCACIONAL: 77.2% PRIMARIA TRUNCA

ALGUNAS PROYECCIONES PSICOLÓGICAS DE INTEGRANTES DEL GRUPO ESPECIAL MUNICIPIO ARTEAGA, SELECCIONADOS AL AZAR:

PARA LOS DIBUJOS DE ÁRBOL, CASA Y PERSONA

- ✓ Rumiación por el pasado
- ✓ Inseguridad
- ✓ Inadecuación
- ✓ Frustración
- ✓ Rígidez
- ✓ Necesidad de gratificación inmediata
- ✓ Aislamiento
- ✓ Regresión
- ✓ Impulsividad
- ✓ Organicidad
- ✓ Predominio del hemisferio izquierdo
- ✓ Tensión
- ✓ Ansiedad
- ✓ Introversión
- ✓ Pérdida del control
- ✓ Falta de afecto en el hogar
- ✓ Conflicto grave
- ✓ Organicidad
- ✓ Paranoia
- ✓ Desamparo
- ✓ Agresión oral
- ✓ Psicopatía grave
- ✓ Preocupación sexual
- ✓ Necesidad de control
- ✓ Compulsividad
- ✓ Ambivalencia social
- ✓ Conflicto con el objetivo
- ✓ Constricción
- ✓ Dependencia
- ✓ Perturbación general
- ✓ Esquizoide
- ✓ Desadaptación social

GRUPO ESPECIAL

También formaban parte del grupo especial, autodefensas no perdonados y autodefensas que sólo querían estar un tiempo limitado en operativos, como fue el caso del hermano del Diputado asesinado a machetazos del PRD ….., también lideres de algunos municipios que estaban muy comprometidos con apoyar la estrategia federal y sacar de Michoacán a los templarios.

Se necesitan estrategias específicas de reinserción social, oportunidad laboral, rehabilitación, seguimiento y atención a la salud mental.

Una parte del Grupo Especial se subdividió en algunos subgrupos actúan ahora como nuevos cárteles y al margen de la ley. Otros se unieron al mismo cártel al que combatían, otros están en sus municipios intentando reinsertarse.

EFECTIVAMENTE, ERA DE ESPERAR QUE EL ESCENARIO SE REPITIERA, ES EL ESCENARIO EN EL QUE HAN VIVIDO MÁS DE 20 AÑOS. EN LAS CONDICIONES DE VULNERABILIDAD DE MICHOACÁN, ANTE EL DEBILITAMIENTO DEL CÁRTEL HEGEMÓNICO DE LOS CABALLEROS TEMPLARIOS, LA CONSECUENCIA NATURAL ERA EL SURGIMIENTO DE VARIOS SUBGRUPOS DELICTIVOS, ESTOS SUBGRUPOS SE AUTO ELIMINARAN Y NUEVAMENTE, EL MÁS FUERTE INTENTARA TOMAR EL PODER Y CONTROL. MIENTRAS CORRESPONDE SEGUIR IMPULSANDO EL DESARROLLO SOCIAL DE TIERRA CALIENTE, LA COSTA Y LA MESETA, PARA QUE EL EQUILIBRO DE FUERZAS QUEDE A FAVOR DE LOS QUE LUCHAN POR LA PAZ, Y CON ESTE,PUEDAN MANTENER A RAYA, AL GRUPO QUE RESULTE FORTALECIDO EN LA CONTIENDA DE LOS CÁRTELES.

LAS NOTICIAS ACTUALES REPORTAN LO SIGUIENTE[26]:

Existen 7 grupos criminales que se disputan la operatividad delincuencial en el territorio michoacano, de acuerdo con informes de inteligencia de la Procuraduría General de Justicia del Estado (PGJE) en poder de Contramuro. Se trata de células delictivas conocidas como "El Grupo del Cenizo", "Los Viagras", "El Grupo del Gallito", "La Nueva Familia Michoacana", "El Grupo de El Metro", "El Grupo de El Brazo de Oro" y el "Cartel Jalisco Nueva Generación".

Los informes revelan que, tras la desarticulación en 2014 del cartel hegemónico en Michoacán de "Los Caballeros Templarios", así como la aprehensión y el abatimiento de los principales líderes de éste, la delincuencia organizada se atomizó, de tal forma que ahora la disputa entre los grupos criminales para apoderarse de las plazas, se concentra en zonas como la Sierra-Costa, la Tierra Caliente, La Ciénega, y particularmente en los municipios de Apatzingán, Uruapan, Gabriel Zamora, La Piedad y Zamora.

De estos 7 grupos, al menos en tres hay líderes que antes pertenecían al grupo especial.

   ✓ 3 Víagras (Coruco, la Teresa, la sopa aguada)
   ✓ Americano
   ✓ BOTO

Dos grupos pertenecen al Cartel de los Caballeros Templarios, el Cenizo y el Metro, otro al cártel de Jalisco nueva generación.

---

[26] www.contramuro.com/michoacan-en-disputa-de-7-grupos-criminales/

CAPÍTULO 6

EN MEMORIA

PEQUEÑO HOMENAJE A LOS CAÍDOS

"HONOR A QUIÉN HONOR MERECE"

COSTA MICHOACANA

MUNICIPIO DE COAHUAYANA

EN MEMORIA DEL COMANDANTE JULIO ZEPEDA NAVARRETE

MONUMENTO CONSTRUIDO CON APOYO DE TODO EL PUEBLO DE COAHUAYANA, EN MEMORIA DEL COMANDANTE JULIO ZEPEDA NAVARRETE, INICIADOR DEL MOVIMIENTO COMUNITARIO, ASESINADO POR EL CÁRTEL DE LOS TEMPLARIOS EL 13 DE ENERO DEL 2014.

LA viuda del Comandante Julio Zepeda Navarrete y su hijo mayor.

La madre del Comandante y su hermano, actual Comandante de Fuerza Rural de Coahuayana.

En una inigualable muestra de identidad, compromiso y admiración, el pueblo de Coahuayana reconoce como héroe al Comandante Julio, de esta manera se escribe, una nueva página de la historia de Michoacán y de México.

No olvidamos su sonrisa, su Don de gente.

TIERRA CALIENTE.

MUNICIPIO DE COALCOMÁN

COMANDANTE FELIPE DÍAZ

Aún no he podido olvidar el último abrazo tan apretado y con ojos triste del Comandante Felipe Díaz de Coalcomán,

Ese día, reunidos en Morelia en la Academia Regional, al terminar la reunión, el me dijo, doctora, ayúdeme (yo no pude ayudarle, ni otros, nunca tuve dinero ni programas a mi alcance,) necesitaba dinero, había pedido a muchos para mantener el movimiento y estaba en franca bancarrota.

Recuerdo que le dije, usted conserve su vida, que todo lo demás ocupa su lugar, quince días después le arrancaron la vida, tres jóvenes drogas, le quitaron sus sueños, su compromiso, su familia, por 200 mil pesos, que pagaron los Templarios, para poder entrar drogas a Coalcomán,

Fue un hombre valioso, un Autodefensa de alma y corazón, la verdad, no se vale.

Seguí en contacto con la viuda y sus hijos, incluso su viuda fue a la última reunión de Fuerza Rural que celebramos en Coahuayana, en la reunión, la viuda del Comandante, mostro lo mejor de su bondad y resignación, pero también pidió ayuda.

Necesitaba más, una pensión, una beca, ayuda a sus hijos, a su hijo enfermo y baleado. Nada recibieron de la Secretaria de Seguridad Pública, nada. Han emigrado a Estados Unidos de América.

Su tumba estaba llena de hierba, no había nada especial que la distinguiera. Pero todo su pueblo lloraba su memoria.

Nunca lo olvidamos comandante.

ALGÚN DÍA DEDICAREMOS AUNQUE SEA UN CUADRO EN UN MUSEO, HAY MUCHOS MUSEOS POR HACER EN MICHOACÁN.

LOS REYES EN MEMORIA DEL COMANDANTE ARTURO HERNÁNDEZ HISTORIADOR Y AMIGO NO TE OLVIDAMOS

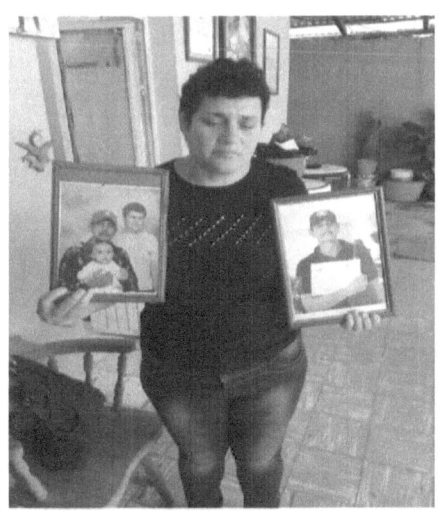

LA VIUDA DEL COMANDANTE.

DIPUTADO OSVALDO ESQUIVEL LUCATERO, AMIGO. NO TE OLVIDAMOS.

QUEDAN MUCHAS ESCUELAS QUE CONSTRUIR EN MICHOACÁN, ES MÁS TE DEBEMOS UNA UNIVERSIDAD, EN BUENAVISTA.

RANCHO LUNA

EN MEMORIA DE LOS HIJOS DEL AUTODEFENSA Y FUERZA RURAL Leonardo Miranda López.

EDUARDO Y HERIBERTO MIRANDA GARCÍA.

NO LOS OLVIDAMOS.

Hay que buscar esas semillas de limón hibrido, que Rancho luna se llene de melones y esperanza.

POLICÍA FEDERAL, EJÉRCITO Y MARINA, SECRETARIA DE SEGURIDAD, PROCURADURÍA, A TODOS LOS CAÍDOS EN EL CUMPLIMIENTO DE SU DEBER, NO LOS OLVIDAMOS.

PARÁCUARO

ESTAMOS TRISTES POR USTED, POR SUS TRES HIJITOS TAN PEQUEÑOS Y POR SU FAMILIA, PERO NO LO OLVIDAMOS COMANDANTE, LE DEBEMOS AYUDA.

CHERATO EN MEMORIA DEL CAPITÁN DE MATERIALES DE GUERRA ROBERTO SERRANO, NO LO OLVIDAN

ES PRECISO CONTINUAR EL TRABAJO INICIADO POR DIANA, LA DRA EUNICE RENDÓN, PABLO ...SEGUIR CREANDO OPORTUNIDADES LABORALES Y ATENCIÓN PSICOLÓGICA A LAS VIUDAS, LOS HUÉRFANOS, LOS PADRES, ES PRECISO EN MICHOACÁN NO OLVIDAR.

APUNTES SIN PERFIL

Me niego a aceptar los prejuicios y afirmaciones que estigmatizan y categorizan a los Autodefensas como delincuentes, en primer lugar, por que los conozco, los Autodefensas son representantes de comunidades agraviadas, hombres y mujeres vulnerables.

Tan vulnerables que sus vidas siguen en riesgo.

No hay que olvidar, que las designaciones y/o etiquetas que damos a un individuo, grupo o estado, marcarán las acciones, intervenciones y destinos de ese individuo, grupo o estado.

Así mismo, cuando las condiciones sociales, maximizan los comportamientos "borders" de los individuos y grupos, es preciso, ser lo suficientemente humanos primero para "comprender", luego para, trabajar, reformar, reeducar, volver a reconstruir lo que se transformo a cuentas del crimen, el abandono y la necesidad de sobrevivir.

Efectivamente, la Fuerza Rural, constituida con Autodefensas, fueron policías sin el perfil acostumbrado, pero muchos de ellos, cientos de ellos, darían la vida por sus familias, por sus comunidades y por cualquier desprotegido, en contra del crimen organizado. Las otras cosas del perfil, como todo ser humano, pueden aprenderlas y crecer.

Desarrollos Comunitarios, para la cultura, la educación, los valores y el CUIDADO DE LA VIDA, son urgentes en Michoacán.

Desarrollos Comunitarios, para ampliar la diversidad laboral son urgentes en MICHOACÁN.

Desarrollos Comunitarios, para atender desplazados, huérfanos, viudas, adolescentes y jóvenes, son prioritarios en Michoacán.

Mediadores, profesionales que generen diálogo constructivo y humano, son precisos en Michoacán.

La ayuda de la comunidad internacional y del gobierno Federal son precisos en Michoacán.

Planear programas de intervención, evaluables a 5, 10, 15 y 20 años, que además de indicadores de resultados e impacto, incluyan indicadores técnicos y de proceso, de seguimiento, son precisos en Michoacán.

Duele el olvido de las poblaciones vulnerables en Michoacán, rurales, comunidades autóctonas, niños, niñas, adolescentes y jóvenes cuyas aspiraciones y marcos de referencias son, justamente, el Crimen organizado.

Actuar...Urge Actuar, es Preciso actuar.

BIBLIOGRAFÍA

CONSEJO NACIONAL DE EVALUACIÓN DE LA POLÍTICA DE DESARROLLO SOCIAL. INFORME DE POBREZA Y EVALUACIÓN EN EL ESTADO DE MICHOACÁN 2010. MÉXICO, D.F. CONEVAL, 2010.

CONEVAL PÁGINA PRINCIPAL. MONITOREO Y ESTADOS, MICHOACÁN ÍNDICE DE LA TENDENCIA LABORAL DE LA POBREZA

CONSEJO NACIONAL DE EVALUACIÓN DE LA POLÍTICA DE DESARROLLO SOCIAL. INFORME DE POBREZA Y EVALUACIÓN EN EL ESTADO DE MICHOACÁN 2012. MÉXICO, D.F. CONEVAL, 2012.

EL CRIMEN COMO OFICIO. ENSAYOS SOBRE ECONOMÍA DEL CRIMEN EN COLOMBIA, 2014

NATIONAL DRUG CONTROL STRATEGY, 2012

ENTREVISTAS A PROFUNDIDAD 2016, Maria Imilse Arrue Hernández

GARY BECKER, PREMIO NOBEL DE ECONOMÍA, "CRIME AND PUNISHMENT: AN ECONOMIC APPROACH" 1968

JOHAN GALTUNG, INVESTIGACIÓN PARA LA PAZ Y CONFLICTOS:

PRESENTE Y FUTURO1

INEGI, 2015, INFORME DE ANALISIS Y RESULTADOS.

MICHOACÁN: DESIGUALDAD Y POBREZA, GILDARDO CILIA LÓPEZ@GCILIACILIAVIE

MOVIMIENTOS SOCIALES Y PARTIDOS POLÍTICOS EN AMÉRICA LATINA: UNA RELACIÓN CAMBIANTE Y COMPLEJA, *MA. FERNANDA SOMUANO VENTURA* PROFESORA–INVESTIGADORA DEL CENTRO DE ESTUDIOS INTERNACIONALES DE EL COLEGIO DE MÉXICO. DIRECCIÓN ELECTRÓNICA:

FSOMUANO@COLMEX.MX, HTTP://WWW.SCIELO. ORG.MX/

SITIO CAMBIO DE MICHOACÁN, HTTP://WWW. CAMBIODEMICHOACAN.COM.MX/EDITORIAL-8496

HTTP://EXPANSION.MX/ ECONOMIA/2008/03/26/LOS-10-ESTADOS-MAS-RICOS?INTERNAL SOURCE=PLAYLIST,

HTTP://MOVIMIENTOSSOCIALESENMEXICO. BLOGSPOT.COM/2009/05/ENSAYO-SOBRE-LOS-MOVIMIENTOS-SOCIALES.HTML

HTTP://WWW.ELUNIVERSAL.COM.MX/NOTAS/475742. HTML

HTTP://WWW.ELUNIVERSAL.
COM.MX/NOTAS/384529.HTML
HTTP://WWW.MEDIGRAPHIC.COM/PDFS/BMHFM/HF-
2009/HF091C.PDF

HTTP://IVONNEOJEDA.WORDPRESS.COM/BREVE-
CRONOLOGIA-DE-LOS-PRINCIPALES-MOVIMIENTOS-
SOCIALES-OCURRIDOS-EN-MEXICO/

HTTP://WWW.FORBES.COM.MX/BIENVENIDOS/

FOTOGRAFÍA DE PORTADA Y CONTRAPORTADA DE JOSÉ CARLOS MAKOUSET ESPINOSA, DOCUMENTAL MIEDO MEMORIAS DE UN MOVIMIENTO. MÉXICO 2015.CAPTURADA EN LA RUANA Y EN COAHUAYANA 2015.

FOTOGRAFÍAS DEL LEVANTAMIENTO Y FESTEJOS, CAPTURADAS POR EL CONSEJO CIUDADANO DE TEPEQUE 2013-2016

OTRAS FOTOGRAFÍAS DE JOSÉ CARLOS MAKOUSET ESPINOSA, DOCUMENTAL MIEDO MEMORIAS DE UN MOVIMIENTO, MÉXICO 2015 PRODUCCIÓN DE CESOD.